创客科幻世界大冒险

[英] 西蒙·蒙克（Simon Monk） 著

李伟斌 任强 殷广 辛慧 杜尚明 夏晖 译

机械工业出版社

通过 Arduino、树莓派、简单电路等硬件进行有趣好玩的创意电子项目制作。

本书将 20 例创客电子项目的制作融入一个虚构和想象出来的科幻世界背景中，让电子爱好者感受到制作创客电子项目，以及激发创意与想象力的乐趣。使用活泼、幽默的语言对这些项目进行讲解，你将学会制作实现太阳能充电、照明、电量监测、警报探测、运动检测、远程门锁控制、环境监测、控制中心、噪声干扰、电码与触觉通信等功能的有趣项目，学到 Arduino 和树莓派的制作与编程知识、电子元器件与工具的应用技能等创客知识，并会启发你创作出更多的有趣项目。

本书适合创客、电子爱好者阅读学习。

图书在版编目（CIP）数据

创客科幻世界大冒险/（英）西蒙·蒙克（Simon Monk）著；李伟斌等译. —北京：机械工业出版社，2020.2

（创客＋）

书名原文：The Maker's Guide to the Zombie Apocalypse：Defend Your Base with Simple Circuits, Arduino, and Raspberry Pi

ISBN 978-7-111-64585-6

Ⅰ. ①创… Ⅱ. ①西… ②李… Ⅲ. ①电子技术 Ⅳ. ①TN

中国版本图书馆 CIP 数据核字（2020）第 022437 号

机械工业出版社（北京市百万庄大街 22 号　邮政编码 100037）

策划编辑：林　桢　　　　责任编辑：林　桢
责任校对：梁　倩　张　薇　封面设计：鞠　杨
责任印制：孙　炜
天津嘉恒印务有限公司印刷
2020 年 4 月第 1 版第 1 次印刷
184mm×240mm·14 印张·301 千字
标准书号：ISBN 978-7-111-64585-6
定价：59.00 元

电话服务　　　　　　　　　网络服务

客服电话：010-88361066　　机　工　官　网：www. cmpbook. com
　　　　　010-88379833　　机　工　官　博：weibo. com/cmp1952
　　　　　010-68326294　　金　书　网：www. golden-book. com
封底无防伪标均为盗版　机工教育服务网：www. cmpedu. com

原书前言

　　本书是写给喜欢创造，并且想在一个虚拟的、想象出来的、既没有电力又没有其他资源的"僵尸世界末日"中生存下来的人们。所以在这个虚拟、想象的科幻世界背景下，本书从一个可以通过太阳能或者踏板发电（使用废弃的汽车交流发电机）的项目开始讲起。一旦有了电力，你就可以开启监视和监听项目来保护你的基地。最后，你可以通过自己建立的通信设备去发现其他的幸存者或者与自己团队中的成员使用静默通信的方式实现联系。

创客关键技能

　　本书的项目不要求你会太多的技能，甚至不需要焊接，只需要你能够将电线和接线端子相互连接起来。附录 B 将为你提供一些你可能不是很熟悉的技巧，这些技巧在项目中会用得到。一些项目中可能需要有一定的木工技能和木工工具，这些工具一般是锯子、锤子和凿子。

　　本书中一些技术项目是使用树莓派（Raspberry Pi）和 Arduino 作为控制板的，这两款设备是非常简单易用的，同时功耗也非常低。第 5 章介绍了树莓派的基本用法，而附录 C 中介绍了 Arduino 的入门知识。

"末日生存项目"简介

　　尽管这些项目都是打算在"僵尸世界末日"来临了再用的，但是即使"僵尸"目前没有出现，大多数项目对我们也是有用、有趣的。许多 Arduino 项目实际可以只用一个 Arduino来完成，即可以用一个程序去整合所有我们用到的功能。

　　"第 1 章'世界末日'来临"向我们介绍了虚拟的"僵尸灾难"发生过后的世界的基本状况。在这个充满"僵尸"的世界中，我们将开展我们的生存项目。

　　"第 2 章 创造电能"包含两个项目。"项目 1：太阳能充电器"介绍了怎么利用太阳能对汽车蓄电池进行充电；"项目 2：自行车发电机"描述了如何使用汽车发电机和自行车脚踏板为汽车蓄电池充电。

　　"第 3 章 使用电力"包含两个项目，帮助你熟练使用汽车蓄电池和 Arduino。"项目 3：LED 照明灯"让你用 12V 的电池点亮一串 LED 灯。接下来把你的 Arduino 用到"项目 4：电池监测器"，以防止你在不知道的情况下把电池的电量用完。

　　"第 4 章'僵尸'警报"包含两个项目，在你的基地附近安装报警装置，在"僵尸"入侵的时候发出警报，提醒你加强安全措施。"项目 5：绊倒绳警报器"是一个技术含量比较低的警报器，在这个项目中要用到微动开关和汽车喇叭。"项目 6：PIR'僵尸'探测器"是一个具有较高科技含量的"僵尸"探测器，项目中会用到一个红外运动传感器。

"第 5 章 树莓派监控系统"可以让你远距离地监控"僵尸"的入侵。"项目 7：使用 USB 网络摄像头监控'僵尸'"介绍了如何使用网络摄像头实现监控功能，并且使用 Python 实现视频中运动物体的检测。"项目 8：无线'僵尸'监控系统"通过使用低成本的 Wi-Fi 网络摄像头扩大你的监控范围，让监控变得更加实用。

"第 6 章 远程门锁控制系统"帮助你让"僵尸"远离基地。"项目 9：远程控制门锁"展示了如何实现通过机电门锁远程控制大门，以让你通过无线控制远程开关大门。"项目 10：大门传感器"将会检测是否有人或者其他生物打开过你的大门。

"第 7 章 环境监测"介绍的项目将会让你避免受到其他类型的伤害，在"僵尸灾难"后，"僵尸"不是你唯一要面对的生存威胁。"项目 11：安静的火灾报警器"将介绍如何使用一个烟雾检测器和 Arduino 实现一个安静的火灾报警器。"项目 12：温度报警器"将会实时监控环境温度，并实现报警，从而防止管道爆炸或者其他灾难。

"第 8 章 为基地打造一个控制中心"让你可以获得所有传感器以及监控系统的反馈信息，并且把所有的信息显示在一个显示屏上面。"项目 13：树莓派控制中心"将会在显示屏上显示 Arduino 获得的门的开关状态、"僵尸"的移动状况、温度的变化以及电池的电量监测情况。你可以通过"项目 14：蓝牙无线通信"实现树莓派和 Arduino 之间的无线通信。这样，你就可以把监控装置放得足够远，当危险来临时可以留给自己足够的反应时间。

"第 9 章'僵尸'干扰器"将会告诉你怎么把"僵尸"的注意力从你的身上转移开，从而给你逃生的机会。"项目 15：Arduino 闪光干扰器"使用一次性的相机闪光灯来干扰"僵尸"。"项目 16：Arduino 运动和声音干扰器"使用与烟雾报警器中一样的喇叭实现声音干扰，以及使用伺服电动机挥舞旗帜实现动作干扰。

"第 10 章 与其他幸存者沟通"将会教你如何在"僵尸"肆虐的城镇联系到其他幸存者。"项目 17：树莓派无线电发射器"让你可以使用 FM 调频联系到其他幸存者。"项目 18：Arduino FM 无线电跳频器"会让你实现一个低成本的收音机用来捕获其他幸存者发出的信息。"项目 19：Arduino 莫尔斯电码发射器"可以让你招募新的成员加入你的基地，或者警告其他人员与你们保持距离。

"第 11 章 触感通信"是一个非常实用的项目，特别是你想协调一个团队进行补给运输的时候。这可能是本书中介绍的最酷的一个项目。"项目 20：用 Arduino 实现静默的触觉通信"，当你按下一个设备上的按钮的时候，另一个设备就会振动（反之亦然）。这个项目使用一个 Arduino、2.4GHz 的 RF 模块和振动电动机。

现在你已经看到了所有的项目概述，这些项目可以将你从"僵尸世界"中拯救出来。现在你是不是已经开始想准备一些材料了。每个项目都有所需材料的详细清单以及数量。附录 A 提供了每个项目中所需材料的详细信息。

在"僵尸"来临前下载资源

本书中用到的代码可在 GitHub 上获得，网址为 https://github.com/simonmonk/zombies/。

在"灾难"来临之前，请务必访问这个网址，下载书中项目所必需的文件并保存在你自己的存储设备中。当"灾难"来临的时候，互联网可能就不能使用了。可能是因为互联网相关的工作人员都变成了"僵尸"，也可能是因为电力被破坏。但是，你可以提前下载这些文件，让你更容易地在"僵尸灾难"后生存下来。

当你下载保存好这些文件后，让我们来看一下在"灾难"过后可能会发生什么。

译者简介

李伟斌　从事计算机相关工作，曾参加中美创客大赛以无人跟拍小船获得上海赛区冠军，参加 Intel IoT 创客竞赛以宠物自拍器获得二等奖，在蘑菇云脑洞大赛中以爆改助动车获得脑洞大赛冠军，擅长树莓派、NanoPi、Arduino、STM32、ESP32、Linux 操作系统及网络服务。

任强　华东理工大学硕士，现就职于字节跳动上海研发中心。活跃在多个创客社区，以笔名凌风清羽在 DFRobot 论坛多次发表技术相关博客，平均单篇点击量 5000 +。曾获得英特尔物联网创业大赛全国 50 强，联合创办小氪机器人。

殷广　笔名 Alchemic Ronin（炼金浪人）。伊利诺伊大学香槟分校（UIUC）计算机工程专业，擅长 Web 开发，平时捣鼓单片机，喜欢研究些酷炫的机器人项目，曾在高中时制作出骨骼追踪预判抛物机器人 BarrelX，大一搞出了六足机械蜘蛛，目前专攻 AIoT 方面，未来计划创业。

辛慧　硕士毕业于南京医科大学，业余对计算机和电子机械比较感兴趣，接触 Linux 12 年，因树莓派了解创客和物联网领域，曾担任多个技术论坛的小版主，对机器人、无人机、3D 打印、Linux 服务器等感兴趣，有自己的博客。

杜尚明　电子技术爱好者，获得武汉工程大学学士学位、英国伯明翰大学电子与计算机工程专业硕士学位。

夏晖　斜杠中年，兴趣广泛，自带一颗自由而无用的灵魂。作为 DIY 爱好者，通过 Overlord 3D 打印机结缘创客，从此入坑 3D 打印和 Arduino 世界，无法自拔，成为 DFRobot 论坛特邀作者。

目　录

原书前言

译者简介

1 "世界末日"来临 ………………………………………………… 1
"僵尸"的种类 ……………………………………………………… 1
　　"僵尸"真的死了吗 ……………………………………………… 3
"僵尸"会存在多久 ………………………………………………… 3
灾后生存法则 ……………………………………………………… 4
　　避难所 …………………………………………………………… 5
　　水 ………………………………………………………………… 5
　　食品和燃料 ……………………………………………………… 6
　　和"僵尸"战斗吧 ……………………………………………… 6
　　着装很重要 ……………………………………………………… 7
　　保持健康 ………………………………………………………… 8
做好准备 …………………………………………………………… 8
其他幸存者 ………………………………………………………… 9
项目零件 …………………………………………………………… 9
　　汽车 ……………………………………………………………… 9
　　五金商店 ……………………………………………………… 10
项目构建 ………………………………………………………… 11
　　焊接 …………………………………………………………… 11
　　机械结构 ……………………………………………………… 11
　　电子模块 ……………………………………………………… 11

2 创造电能 ……………………………………………………… 13
功率与能量 ……………………………………………………… 14
电的类型 ………………………………………………………… 14
　　低压直流电 …………………………………………………… 15
　　高压交流电 …………………………………………………… 16

电池 ·· 17

　　一次性电池 ····································· 17

　　可充电电池 ····································· 17

　　电池充电 ······································· 18

项目1：太阳能充电器 ····························· 18

　　太阳电池板 ····································· 18

　　充电控制器 ····································· 19

　　材料清单 ······································· 19

　　开始构建项目 ··································· 20

　　开始使用太阳能充电器 ······················· 24

项目2：自行车发电机 ····························· 25

　　材料清单 ······································· 25

　　开始构建项目 ··································· 26

　　使用脚踏式发电机 ····························· 33

3　使用电力 ·· 34

用一块汽车蓄电池给设备充电 ····················· 35

　　点烟器插座 ····································· 35

　　使用电力 ······································· 37

　　AC逆变器 ······································ 37

项目3：LED照明灯 ······························· 38

　　材料清单 ······································· 38

　　开始构建项目 ··································· 38

　　使用照明 ······································· 40

项目4：电池监测器 ······························· 40

　　材料清单 ······································· 41

　　开始构建项目 ··································· 43

　　程序 ··· 44

　　使用电池监测器 ································· 47

4　"僵尸"警报 ···································· 48

项目5：绊倒绳警报器 ····························· 49

　　材料清单 ······································· 49

　　开始构置项目 ··································· 50

　　使用绊倒绳警报器 ····························· 54

项目6：PIR"僵尸"探测器 ······················ 55

材料清单 ·· 55

开始构建项目 ·· 56

程序 ·· 58

使用 PIR "僵尸" 探测器 ··· 59

淘到的 PIR 传感器 ··· 59

5 树莓派监控系统 ·· **62**

关于树莓派 ··· 63

树莓派系统 ·· 64

材料清单 ·· 64

系统供电 ·· 65

为树莓派安装 Raspbian 操作系统 ······························ 65

项目 7：使用 USB 网络摄像头监控 "僵尸" ·························· 66

材料清单 ·· 66

开始构建项目 ·· 68

使用网络摄像头 ·· 73

项目 8：无线 "僵尸" 监控系统 ···································· 73

材料清单 ·· 74

开始构建项目 ·· 75

使用无线摄像头 ·· 79

6 远程门锁控制系统 ·· **80**

项目 9：远程控制门锁 ·· 81

材料清单 ·· 81

开始构建项目 ·· 82

为电动锁添加无线功能来进一步节省时间 ························ 85

项目 10：大门传感器 ·· 87

材料清单 ·· 87

开始构建项目 ·· 88

程序 ·· 89

使用大门传感器 ·· 90

7 环境监测 ·· **92**

项目 11：安静的火灾报警器 ·· 93

材料清单 ·· 93

开始构建项目 ·· 94

程序 ·· 100

使用火灾报警器 ·· 101

项目 12：温度报警器 ·· 102

材料清单 ·· 102

开始构建项目 ··· 103

程序 ··· 105

使用温度报警器 ·· 107

8 为基地打造一个控制中心 ·· **108**

项目 13：树莓派控制中心 ·· 109

材料清单 ·· 109

开始构建项目 ··· 110

程序 ··· 111

使用控制中心 ··· 116

项目 14：蓝牙无线通信 ·· 116

材料清单 ·· 117

开始构建项目 ··· 117

程序 ··· 120

使用带有蓝牙连接的控制中心 ··· 123

9 "僵尸" 干扰器 ··· **124**

项目 15：Arduino 闪光干扰器 ··· 125

材料清单 ·· 126

开始构建项目 ··· 127

程序 ··· 132

使用闪光干扰器 ·· 133

项目 16：Arduino 动作和声音干扰器 ·· 134

材料清单 ·· 135

开始构建项目 ··· 136

程序 ··· 141

使用运动和声音干扰器 ··· 144

10 与其他幸存者沟通 ··· **145**

项目 17：树莓派无线电发射器 ·· 146

材料清单 ·· 146

开始构建项目 ··· 147

程序 ··· 147

使用 FM 发射器 ·· 148

　　　　录制信息 ·· 148

　　　　自动运行信号发射器 ·· 149

　　项目 18：Arduino FM 无线电跳频器 ·· 150

　　　　材料清单 ·· 150

　　　　开始构建项目 ·· 151

　　　　程序 ·· 155

　　　　使用无线电扫描仪 ··· 157

　　项目 19：Arduino 莫尔斯电码发射器 ·· 157

　　　　材料清单 ·· 157

　　　　开始构建项目 ·· 158

　　　　程序 ·· 161

　　　　使用莫尔斯电码发射器 ·· 165

11　触感通信 ·· **168**

　　项目 20：用 Arduino 实现静默的触觉通信 ······································ 168

　　　　材料清单 ·· 169

　　　　开始构建项目 ·· 170

　　　　程序 ·· 175

　　　　使用触感通信器 ··· 177

附录 ·· **179**

　　附录 A　材料 ·· 179

　　附录 B　基本技能 ·· 183

　　附录 C　Arduino 编程 ·· 196

"世界末日" 来临

在你开始研究本书中虚构和想象出来的"末日"背景下的生存项目之前，我将会告诉你你面对的那些"不死的生物"究竟是什么东西，并教会你如何在"僵尸"出没的世界中活下来。

如果要实现本书中的这些项目，你会需要很多零件和材料。幸运的是，在"末日"之后我们有很多可以使用的废弃资源。所以在本章中，我将会指导你寻找你所需要的材料。

但是首先，让我们来看一下"僵尸末日"是如何到来的。

我发现一个现象，人们往往要么认为自己是僵尸的狂热爱好者，要么对僵尸不以为意。既然你在读本书，那么你很可能像我一样是一个僵尸爱好者。

僵尸最大的吸引力在于僵尸本身和幸存者想象的在"后末日"中面临的场景。你可能会用棒球棒敲击僵尸的头部，就很容易地打败一个行动缓慢的僵尸。但是，如果你面对一群僵尸这将会是一个非常可怕的问题。

如果你在维基百科上查询僵尸，你会发现："僵尸（虚构）"，仅仅是"僵尸"这两个字。但是，海地（Haitian）民间流传着非虚构僵尸，它们是可以实现主人命令的。在现在流行文化所虚构并描述的"僵尸末日"中，这些民间传说的僵尸不会大量出现。所以我们需要虚构出一个僵尸的世界，在这个世界中，人类这个种族逐渐灭亡，变成了僵尸。

"僵尸" 的种类

虚构的僵尸源于 19 世纪玛丽·雪莱（Mary Shelley）小说中的弗兰肯斯坦（Frankenstein)。现代僵尸通过电影呈现在大众的视野中，比较有代表性的是《活死人之夜（*Nigh of the Living Dead*）》（见图1-1）。

图1-1　《活死人之夜》的僵尸剧照

《活死人之夜》中描绘的僵尸是经典的慢僵尸。这些缓慢的僵尸四处游荡，仿佛在发呆，并且不断地寻找人类作为食物。有趣的是，这部电影中的僵尸能够使用工具，会用岩石打破窗户，也会用木棒砸开大门。但是大多数僵尸在后来的电影或电视剧中失去了这种技能。慢僵尸随着电视剧《行尸走肉》的流行达到了僵尸文化的顶峰。

慢僵尸是最常见的虚构僵尸，本书将重点介绍它们的威胁。当然，还有许多其他类型的僵尸。因为不同的电影制作人试图在"僵尸"这个概念上加入自己的想法。表1-1列出了一些最主要的现代僵尸的描述以及概括了每种类型僵尸的一些特征。

表1-1　虚构僵尸的分类

影 视 来 源	快/慢僵尸	食　　物	活着/死亡	爆发的原因	击 杀 方 式
Nigh of the Living Dead	慢	人类	死亡（重新活跃）	辐射	头部创伤
Hell of the Living Dead	慢	人类、其他僵尸	死亡（重新活跃）	化学泄漏	头部创伤
Return of the Living Dead	慢	人类（尤其是人脑）	死亡（重新活跃）	化学泄漏	头部创伤
Resident Evil	慢	人类	活着	病毒	头部创伤
World War Z	快	人类	活着	寄生虫、病毒	头部创伤
28 Days Later	快	人类	活着	病毒	普通伤害
Shaun of the Dead	慢	人类	死亡（重新活跃）	未知	头部创伤
The Walking Dead	慢	人类	死亡（重新活跃）	未知	头部创伤

所有的这些僵尸都有很多共同的特点。其中最主要的是对人的渴望，几乎每一种僵尸都以人类为食物。另一个普遍的现象是，杀死僵尸的唯一可靠方法就是对僵尸造成严重的头部

创伤。重创头部一般是消灭僵尸最为有效的方法。

"僵尸"真的死了吗

一个重要的问题是一个人是否必须死亡后才会成为僵尸。在一些电影中，例如《僵尸世界大战（World War Z)》，僵尸并没有死亡，而是活着的人类，只是它们已经被病毒或寄生虫改变了思想。有人可能会说，严格来说，这些生物根本不是僵尸。

如何定义僵尸死亡是一个非常困难的问题。如果一个僵尸本来就是死的，你怎么能再次杀死它？如果僵尸是一个已经死去的人，那么僵尸形成的过程实际上是让人恢复了生机吗？如果是这种情况，僵尸肯定还可以被杀死一次。我们经常将心脏停止跳动定义为死亡。然而，僵尸的循环系统显然本来就是不工作的，除了头部遭受重创，僵尸其他地方遭受创伤所形成的伤害基本上是一样的。

如果僵尸本就是死掉的，那么说杀死它们似乎就是错误的。但是流行文化创造了"僵尸"这个词汇，用来描述这种生物。在本书中，我将使用"杀死僵尸"这样的描述，虽然可能不准确，但是所表达的意义大家应该都可以理解。

"僵尸"会存在多久

在僵尸消失之前，僵尸灾难会持续多久？这取决于新僵尸的产生速度和僵尸的死亡速度。人类和僵尸的种群变化曲线可以描述在同一个坐标轴中。X 轴表示时间的流逝，Y 轴表示种群的数量，如图 1-2 所示。

随着僵尸灾难爆发的开始，会不断地有人类被僵尸感染，人类的数量将急剧下降，而僵尸的数量将大量增加。因为大多数人类是被僵尸当作食物吃掉，只有小部分被感染变成僵尸。所以，僵尸的数量将不会达到僵尸灾难前人类的数量。僵尸增加的数量将取决于人类成为僵尸或者成为食物的比例，以及僵尸和人类的死亡率。

僵尸的数量达到顶峰后，将会急剧下降。因为随着人类的减少，幸存的人类将成为适合在这个世界生存的最佳人选。也许正是因为他们读了本书，才具有了强大的生存能力！人类数量的减少让人类的分布也会变得更加分散，让僵尸更难发现人类。最终，人类的数量将稳定在一个较低的水平。

另一方面，从长远来看僵尸也不太可能长久地存活下来。僵尸也需要吃饭才能生存，它们对人类的肉体充满着渴望。僵尸没有功能齐全的消化系统，它的消化与吸收的原理非常神秘。僵尸也不可能进行光合作用，根据能量守恒定律，它们的能量必须来自某个地方，所以人类的肉体是最可能的能量来源。但随着人类在灾难中学会生存，僵尸将难以找到食物。僵尸本质上是一堆移动缓慢的腐肉，所以它们也是以腐肉为食物的生物的食物。如果我们把乌鸦、狐狸、野狗和其他以腐肉为食物的动物的种群变化绘制成图表，我们可能会发现这类生

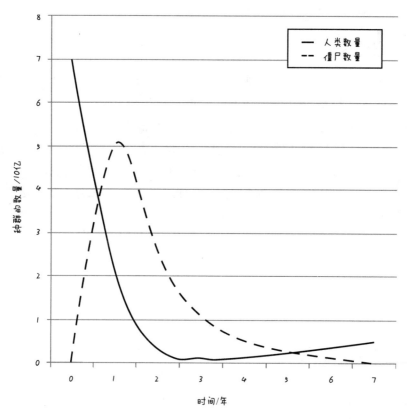

图 1-2　人类和僵尸的种群数量随时间的变化曲线

物的数量在短期内会实现快速增长。僵尸的大量出现为这些以腐肉为食物的生物提供了大量的食物来源。幸存人类的反抗以及大量的自然捕食者将对僵尸种群产生巨大的压力。

僵尸应该也不太可能会繁殖。因此，经过一段漫长的时间后，僵尸将会全部消失，而幸存的人类将会继续繁衍重建文明。

所以，看到本书是你的机遇。拥有本书会增加你在"僵尸末日"中生存下来的机会，从而完成恢复人类文明的使命！

灾后生存法则

很多僵尸题材的影视作品中，除了描述僵尸威胁的紧张氛围之外，大多数讲述的都是在"僵尸灾难"后，人类的幸存者应该如何应对。

当"僵尸灾难"来临时，你需要做好充分的准备。本书将作为你的生存指南，在僵尸世界中助你一臂之力。

避难所

你的住所和你是否能生存下来是息息相关的。大多数的普通住宅都无法阻挡成群的僵尸攻击。如果你现在的避难所是一个很普通的住宅，那么你需要寻找一个新的地方去躲避这场灾难。

确保你的新家是很容易防守的。许多人认为船是最好的住所（僵尸在游泳方面真的很糟糕！），但如果你现在的位置距离开阔的水域非常遥远，那就有点不切实际了。而且生活在船上也会面临很多的困难，有可能会遇到风暴以及需要持续不断的燃料供给，除非你在船上无目的地漂流。另外，你还必须冒险到陆地上补充物资。当然，无论你住在哪里，补充物资都是必不可少的。

有一艘船是非常有利的，它可能让我们找到一个没有僵尸的岛，重新建立一个社区。这绝对是一个不错的选择。事实上，假设你能在最初的几天里幸存下来，待在船上沿着海边或者一个大湖的岸边生存可能是一个明智的策略。虽然理论上长途驾驶可能会把你从美国的任何地方带到海边，但在人类绝望地试图避免危机蔓延之后，道路很有可能会被废弃的汽车堵塞。因此，旅途很可能是缓慢而危险的，你的生命随时可能会受到来自僵尸或者其他幸存者的威胁。

如果你住的地方冬天很冷，那么你应该考虑去更暖和的地方。寒冷的天气意味着你需要消耗更多的能量，并且你需要找到一些能够保暖但不太透风的地方。唯一可能的取暖方法是烧木头，你得出去收集。另外，斧头是斩首僵尸的有效武器。

如果你知道如何驾驶轻型飞机，那么这是一个避开僵尸和地面障碍的好方法。不过你可能会找不到合适的降落地点，因为许多机场在没有人工管理的情况下会逐渐变回灌木丛林。做一些探索性的旅行吧，尽管前期可能会一无所获。

水

生存专家科迪·伦丹（Cody Lundin）提出了"三法则"。法则的含义如下：
- 你可以在没有空气的情况下生活3分钟。
- 你可以在没有遮蔽的情况下生活3天（在极端气温下）。
- 你可以在没有水的情况下生活3天。
- 你可以在没有食物的情况下生活3周。

假如"大灾难"发生在天气适宜的地方，空气就不是问题，遮蔽也不是问题。所以除了避免被吃掉，你首先要做的事情就是找到饮用水或者其他喝的。如果水泵没有了动力，公共供水就不太可能继续。因此，如果可能的话，找到一口天然井或者其他淡水水库。瓶装和罐装饮料也应该准备充足，自动售货机肯定是不会供货了。

食品和燃料

农业需要多年的时间才能发展到可以养活一小群人的规模，所以在将来重建社会的时候，你可以自己种植有机蔬菜。附近的人越少，可以找到的罐头食品就越多，甚至可以持续地使用下去。所以你需要从家里和超市里搜寻罐头食品和其他不易变质的食品。

本书研究的课题主要集中在电力方面。并不是所有电力，而是指储存在电池中的电力。电力在照明、警报和通信方面是很好用的，但是当涉及加热和烹饪时，如果没有一个功率足够的太阳电池板阵列，一些大功率的设备是使用不了的。当你想吃热食物时，燃气加热器和露营炉是更现实的替代品。一定要安全地使用它们！烧烤架是烹饪食物的不错选择，木炭或木头很容易就能燃烧起来。

和"僵尸"战斗吧

到目前为止，对付僵尸最好的策略就是尽可能避免引起它们的注意。在你寻找新地方的时候，应尽量保持安静，悄悄移动，避免去任何你可能会被困住的地方，包括只有一扇门的建筑或房间以及死胡同。

最终，你将不得不与僵尸战斗，所以你要时刻武装着。枪支不一定是最好的选择。因为它们会发出很大的噪声，而且需要重新装载弹药。此外，要用子弹杀死僵尸，你需要击中它的头部，然而当你瞄准的时候，它们通常不会静止不动。

斧头、棒球棒或剑更有效。这一点在《流言终结者》的"僵尸特别篇"中得到了论证。这一集科学地、高标准地证明了你每分钟用斧头能消灭的僵尸数量要远远多于用枪能消灭的僵尸数量。表 1-2 列出了各种武器的相对优点。

表 1-2　对付僵尸时武器利弊

武　器	优　点	缺　点
斧头	非常适合斩首，造成头部创伤	可能会卡在厚厚的头骨里
棒球棒/棍棒	有效地敲碎头部，没有被卡住的危险	可能需要反复敲打头骨，木制的棒子很容易折断
手枪	擅长近距离击杀	声音大，需要重新装载弹药
猎刀	擅长超近距离击杀	需要与僵尸近距离接触，会增加感染的风险
铁棒	能高效地敲碎头部，没有被卡住的危险	太重
步枪	很适合远程防护	不适合近距离防护
武士刀	非常酷！适合斩首	可能会卡在头骨里，类似于斧头

事实上，不同的武器会适用于不同的情况，最终杀僵尸工具的选择取决于你自己。我喜欢选择经常被忽视的铁棒作为武器。曾经遇到过紧急时刻的玩家会很清楚这种武器的效力。

不管你带了什么，与僵尸战斗都是非常危险的。设置陷阱从远处杀死僵尸比近距离杀死僵尸要好得多。一个悬挂着诱饵的陷阱往往足以诱导一个接一个的僵尸掉进去。矿井是最理想的选择，因为你自己挖的任何一个洞都不太可能深到足以防止洞被掉下去的僵尸填满后僵尸再爬出来。

减少你所在区域的僵尸数量有利于减小被僵尸攻击的概率，而且对于该区域的其他幸存者来说，这也是一件很负责任的事情。这和及时清理狗狗的粪便是同一个道理。

当你所处的僵尸环境变得更加糟糕时，可以准备一些燃烧弹（自制燃烧弹，使用瓶子和汽油），从安全的距离向僵尸投掷。其他的投掷物（如手榴弹），如果你能拿到的话，也是很有用的。

着装很重要

无论是与僵尸战斗还是试图逃离它们，穿着得体都是非常重要的。也就是说，不要留长发，不要穿宽松的衣服。一旦僵尸抓住了你，它会无情地把你拖向它的嘴巴，直到你被它咬到。换句话说，穿那种在车间里机器旁工作时穿的衣服最好，不要留着长发，绝对不要打领带。

装甲可以临时拼凑。哪怕是像粗绳子一样简单的东西围在你的前臂上也可以防止被咬破皮肤。但别忘了在灵活性和良好的保护之间保持平衡。一套中世纪的盔甲可能会在一段时间内提供良好的保护，但它会显著地减慢你的速度（见图1-3）。如果你无法脱身，多打几次架之后你就招架不住了！

图 1-3　沉重的盔甲会降低你的灵活性

你还应该慎重考虑到在杀死僵尸时因血液飞溅而被感染的危险。战斗时尽量用鼻子呼吸，最好戴上口罩。

保持健康

在后"世界末日"的世界里，保持健康是一件需要靠自己去做的事情。在最初的疫情暴发期间，医务人员将处于疫情最严重的环境，因此不大可能存活下来，所以你得多幸运才能在你的幸存小组中找到一名医生。

这意味着你需要保持健康。做足够的运动并不难。没有我们认为理所当然的现代化便利设施，仅仅是想活着也需要付出相当多的努力。然而，你需要保持健康才能生存，任何轻伤都应该特别留意。所有切口和伤口必须立即用消毒剂消毒，并用绷带或衣物包扎好。你也应该储备一些抗生素。如果你现在不能让你的医生给你开这些药，那么一旦僵尸大暴发，突袭医院或药房拿到这些药将是当务之急。

不要喝来自未知密封瓶子的水，不要吃任何可能导致食物中毒的食物。

如果你近视，那么一副备用的眼镜是必不可少的。在这个新世界里，看不清楚是很致命的。

做好准备

男童子军和女童子军可能已经有了与僵尸战斗的专属徽章；如果现在没有，"世界末日"之后也会有的！无论如何，他们的座右铭是：时刻做好准备。永远要提前考虑，采用宇航员的心态去预测接下来可能会发生的危及生命的事情，甚至是发生以后的事情（如果你有时间的话）。不断地在脑海中演练场景，以减少意外发生时发生灾难的可能性。随身携带一个旅行袋。这个小背包应该一直处于闭合状态，这样紧急状态下你就能马上抓起包来跑走。背包里应该有刚好够你活几天的储备。双肩背包能够释放你的双手，让你自由地去战斗。一个好的背包储备清单可能是这样的：

- 瓶装水。
- 高能量食物，如巧克力和饼干。
- 多功能口袋刀。
- 毛毯。
- 手电筒。
- 备用武器。

无论你在哪里，一定要确保有不止一种方法可以逃离。你需要一个前门和一个后门。无论你认为你躲藏的地方有多么坚不可摧，总有可能发生最坏的情况，所以你要有一条逃生路线方便随时逃生。

其他幸存者

与其他幸存者合作可能是一件喜忧参半的事情。坏处就是人越多，你需要的食物和饮料就越多。好处就是如果你遇到危险会得到伙伴的帮助。

生 存 秘 籍

以下是一些生存秘诀：

- 不要独自行动。尽量和大家在一起。
- 不要犹豫，果断杀死一个变成僵尸的人。
- 向前看时千万不要后退。
- 千万不要一个人发呆。
- 不要招惹僵尸，成为明显会被吃掉的人。

当然，合作还有其他好处。一方面，与其他人在一起是很舒适的。此外，你们可以轮班站岗观察，如果你的团队成员拥有不同的技能，你还可以从其他人的专业知识中获益。

也有可能其他人会自私地只关心自己的生存，以至于他们会从你那里拿走他们梦寐以求的东西。服从和背叛往往只在一念之间，特别是在面对僵尸的时候，所以明智地选择你的朋友。只要在一起有共同的优势，这个团体就会坚持下去。一般来说，你们在一起的时间越长，你们的感情就会越深，团队的忠诚度就会越高。

项目零件

在本书中我们要完成许多项目，所以我们需要很多的零件。在"僵尸末日"的世界中，有很多可以回收使用的材料被丢弃在街道上。

汽车

汽车电池对我们来说是非常有用的。事实上，汽车上有很多有用的东西，我们可以拿过来用在我们接下来的项目中（见图1-4）。

- 喇叭可以用来报警或者干扰僵尸（见第4章和第9章）。
- 交流发电机（见第2章）。
- 12V灯泡可用于照明或者用作指示灯。
- 各种开关。

- 自动切换继电器。
- 电线。

图 1-4　有足够有用资源的汽车

　　当然，从废弃的汽车中取出零件是有风险的。你需要有顺手的工具，并且需要快速地完成以得到你想要的东西。如果你试图破坏一个汽车的门锁，汽车将会发出警报声。所以，选择门已经打开了的汽车去寻找零件是一个更好的选择。

　　想快速得到汽车零部件的另一个方法是去汽车配件商店或汽车修理工厂。事实上，如果你是在"僵尸末日"之前尝试这个项目，那么废旧汽车场或汽车商店是你的最佳选择。

五金商店

　　你所在的地方肯定会有一个五金商店，可以购买电子元器件等物品。在本书中，不会让你从头去创造一些东西，而是尽可能地使用日常家居生活中会用到的一些物品。你可以在你附近的五金商店中获得很多很有用的东西：

- 对讲机。
- 电池。
- 太阳电池板。
- 五金工具。
- 电子设计平台，例如 Arduino 和 Raspberry Pi 控制器（参见下文"电子模块"）

　　当然，在"僵尸末日"来临之前，你也可以在互联网上订购大多数材料。你甚至可以准备好一定的库存，在"末日"来临之后，你说不定有机会用你的库存去做一笔交易。附录 A 中，详细介绍了本书所需的电子元器件以及常见购买地点。

项目构建

本书中的项目主要是介绍以某种方式使用现有的电子产品。所有的项目都一步步描述得非常清楚，即使没有电子专业知识也可以很好地完成这些项目。每一个项目中都有非常详细的所需物品和耗材的列表，你只需要自己准备一些基本工具，例如电烙铁等。

焊接

你需要使用电烙铁去熔化焊锡，将你的电线或者是电子元器件连接到你的电路板上。使用电烙铁非常简单，只要把加热后的电烙铁的尖端部分放在焊锡上使其熔化，电烙铁离开后焊锡就会自己冷却，完成焊接。焊接过程中要注意不要烫伤自己，因为在"僵尸灾难"来临时，很难得到烧伤药物。所以使用电烙铁的时候一定要小心。

我们可能遇到的问题是没有电力来为我们的电烙铁供电。不过不用担心，我们有很多种类型的电烙铁可以选择。有以丁烷作为能量来源的电烙铁，也有使用蓄电池供电的电烙铁。你甚至可以用烤箱来将电子元器件焊接到电路板上。

在附录 B 中，你将找到适合初学者的焊接指南。相信自己，焊接是一件非常简单的事情，只要你会使用刀叉，你就可以学会焊接。

机械结构

如果你需要把实现后的本书中的项目安装到一个盒子中，或者固定到墙上，那你就需要钻头、螺钉、螺母、金属支架等东西。通常会用到的一些工具是钢锯、锉刀和虎钳等。使用这些工具可以非常方便地帮助你完成一些金属或者木材的加工，制作出一些符合你需求的固定件。你手上拥有的工具越多越好，这些工具在你使用的同时也可以作为你的武器。

电子模块

本书中的项目尽可能地使用现成的模块来简化项目完成的难度。本书的项目中一般是需要这两个模块：Arduino（见图1-5）和 Raspberry Pi（见图1-6）。你将在第5章找到 Raspberry Pi 的使用指南，在附录 C 中找到 Arduino 的使用指南。

Arduino 是创客和艺术设计师广泛使用的微控制器开发板。Arduino 的使用方法简单，可通过编程来读取传感器的数据和控制输出。例如，在第3章中，你将使用 Arduino 来制作电池监视器，在第9章中，你将使用 Arduino 来控制 LED 灯来制作自动莫尔斯电码信号。

图 1-5　Arduino 微控制器开发板　　　图 1-6　Raspberry Pi 卡片计算机

　　Raspberry Pi 是一种比 Arduino 复杂的设备。它是运行 Linux 操作系统的低功耗计算机。你可以为你的 Raspberry Pi 配置键盘、鼠标和显示器，并将树莓派作为你的控制中心。树莓派的功耗非常低，它比笔记本电脑更适合使用电池。

　　如果你不熟悉编程，作为一个编程菜鸟你也不用担心：使用 Raspberry Pi 和 Arduino 的项目的所有程序代码都可以从 https://github. com/simonmonk/zombies/下载。为了以防万一，你最好现在就把这些代码下载下来以备日后使用。

　　在下一章中，我将首先介绍如何获得电力，在接下来的大多数项目都是以电力为基础的。电力可以为我们的生活提供很多的便利，例如照明，有了电力以后可以让我们的生活变得更加轻松。让我们开始"僵尸末日"的征程吧！

2

创造电能

在"僵尸大灾难"之后，电网可能最多只能继续工作一两天。发电和配电系统都非常非常复杂，负责管理运行的工作人员很可能都会被僵尸吃掉，或者变成僵尸（见图 2-1），所以你将无法依赖他们。

我们需要面对一个事实：此时的我们不需要像以前那么多的电能。现在你没有任何电视节目可以观看，你也不会有互联网。你只需要少量的电力就可以维持你的日常生活。你只要将太阳能或将动能转化为电能就可以满足日常使用的需求。

图 2-1 变为僵尸的电力工人

功率与能量

功率和能量这两个词经常被混淆，它们实际上是有明显区别的。功率是每单位时间（通常是每秒）使用的能量。能量以 J（焦）为单位［以英国科学家、酿酒师詹姆斯·焦耳（James Joule）的名字来命名］来衡量。你可以用 J/s（焦每秒）为单位表示功率，但功率通常以 W 为单位［以英国发明家詹姆斯·瓦特（James Watt）的名字来命名］。1W 实际上是 1J/s。

你可以把电池想象成可以储存有一定数量焦的能量。电池耗尽的速度取决于你从中使用了多少电量。如果你在电池上连接一个非常低功耗的设备，那么电池将能使用很长的时间。但如果你连接了大功率的设备，那么电池的电量将会很快被用尽。

表2-1 列出了一些电器，并标明了它们的功率。

表2-1 日常物品的功耗

物 品	功率/W	汽车电池可使用的时间
调频收音机	2	300h
LED 灯	5	120h
电烙铁	30	20h
笔记本电脑	50	12h
显示器（27in①）	80	7.5h
吹风机	1500	24min
电加热器	3000	12min
电淋浴（包含水泵和电加热）	10000	3.6min

① 1in = 0.0254m。

烹饪和取暖需要大量的能量。实际上，如果你想要热水或热食物，你应该寻找可以燃烧的燃料，而不是尝试使用电能去解决这个问题。

电的类型

虽然表2-1 列出了便携式收音机和电淋浴器等用电设备，但是这些东西需要不同类型的电力。幸运的是，这不是一个复杂的问题！通过一些条件，电力可以在这些类型之间进行转换。但是，僵尸是无法完成这些工作的（见图2-2）。

使用电力的设备一般可以分为两类：需要高压交流电（AC）的设备和需要低压直流电（DC）的设备。直流设备通常由电池供电。

低压直流电

与交流电（AC）相比，低压直流电（DC）更加安全，更易于产生、使用和存储。低压通常是指 12V 或更低。通过类比水流过管道你可以更好地理解电流是如何通过导线的。图 2-3 可以让你更好地理解电压和电流之间的差别。

电压就像是水管中的压力。高电压可以比低电压提供更多的功率，就像高压水管相对低压水管可以更快地把水装满一个容器。但是将电压视为压力有点不准确，将电压视为高度差可能更准确一点。

在示意图（见图 2-3）中，将其想象为水管的水进入管道的位置在水离开管道的位置上面。入口相对于出口的位置越高，水的流速就会越大。在电路中，这种流速可以称为电流。在电子学中，电流是每秒钟经过导线一个截面的电荷量。电流的测量单位是安（Ampere），符号为 A。不过实际中通常以 mA（毫安）为单位测量电流。1mA = 0.001A。

图 2-2　电力的味道

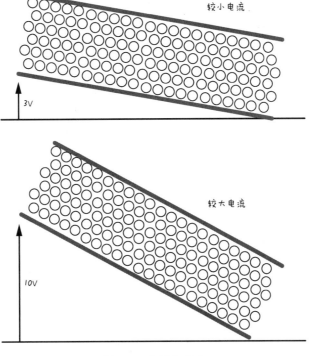

较小电流

3V

较大电流

10V

图 2-3　电压和电流

非常有趣的是，你可以将电压（V）乘以电流（A）来计算功率。

当为某些低压设备（比如说 FM 收音机）供电的时候，最重要的是要使用正确的电压。太大的电压会导致过多的电流流过收音机，并可能会将其损坏，最后就变成了一个没用的"僵尸"收音机。同样地，如果电压太低，则没有足够的电流让设备正常工作。有的设备可接受的电压范围非常宽。例如，一个标明工作电压为 6V 的收音机一般在 4~8V 之间的任何电压下都可以正常工作。

警告

在使用低压直流电设备时，请确保以正确的方向放置电池。电池具有正极和负极，如果连接不正确，电流将会以错误的方向通过设备。如果设备没有针对电池反接的内部保护电路（请注意，大多数情况下都是没有的），设备很有可能会被损坏。

高压交流电

高压一般用于向用户传输电力，因为高电压使得电力传输效率更高。高压交流与低压直流是完全不同的。首先，交流电的电压是 120V（在美国）或 220V（在世界其他大部分地区）。此外，交流电压的电流方向是交替的：与具有一个正极和一个负极的电池不同，交流电的电流是不断地交换方向的，一般为每秒 60 次（60Hz，在美国）或每秒 50 次（50Hz，在世界其他大部分地区）。频率是电流每秒切换方向的次数，单位是赫兹（Hz）。

图 2-4 描述了交流电源的电压随时间变化的方式。请注意，电压不会突然切换方向，而

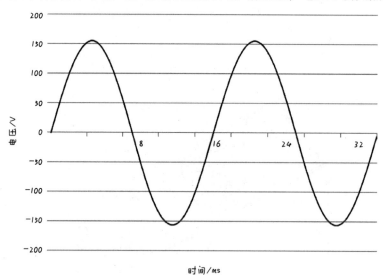

图 2-4　交流电

是以一种摆动方式，从一个方向摆动到另一个方向，逐渐增加至超过150V，然后逐渐降至 -150V以下。零点两侧的电压都是超过120V的。交流电的最大值和最小值数值被描述为120V，是因为交流电在一定时间内提供的电量相当于120V直流电的电量。这种测量交流电电压的方式称为方均根（RMS）。

低压直流电通常是交流电通过电源适配器变换产生的。例如笔记本电脑使用的电源适配器或者手机使用的手机充电器，它将交流电变换为直流电，并同时降低了电压。在灾难过后，除非你有一台交流发电机，否则你只能制造以及使用低压直流电。你可以使用一种叫作逆变器的设备，将直流电变换为交流电，但是这种变换是非常低效率的，变换过程中会浪费很多能量，最好不要使用这种方法。

如果你决定使用逆变器，请牢记，即使你使用电池供电，也会产生很高的危险电压。因此，要像使用我们现在使用的交流电一样谨慎。

电池

用于存储电能的电池有许多不同类型。有些是小型的，仅限一次性使用，如AA电池。其他的电池，例如笔记本电脑的锂电池和汽车的铅酸电池，都是可以充电后重复使用的。请注意，这些电池仅可以提供直流电（DC）。

在灾难过后，无论是一次性电池还是可充电电池对你的生存来说都是至关重要的，所以你可以尽可能地在"末日"世界中寻找电池。正如在本书的第9章、第10章和第11章中介绍的那样，你可以将电池用在不同位置上的干扰僵尸的设备，以及为通信设备供电。两种类型的电池都有各自的优点。现在让我们来探究一下，这样你就可以决定哪一种类型的电池对你来说更加重要。

一次性电池

AA电池具有较长的保质期，并且可以操作许多小电器，收集一些保证供应是有意义的。它们也会慢慢耗尽电力。例如，如果你的手电筒开始变暗，在电池完全耗尽之前，你仍然可以获得一些宝贵的光线。请注意，可充电AA电池通常比一次性电池耗电快得多。

可充电电池

锂聚合物（LiPo）电池已经改变了移动设备，因为它们重量轻，可以储存大量能量。由于手机很容易随身携带，你可能会认为LiPo电池是任何便携式末日设备的良好可充电选择。但请注意：它们有一些"怪癖"：

- 如果过度充电、刺破或切割，它们容易着火。

- 它们需要特殊的充电电路。
- 它们在极端温度下不能很好地工作。

简而言之，为了储存你产生的能量，最好使用你在汽车中找到的铅酸电池。首先，这样会有充足的供应。它们还具有在低温下工作的优点，并且它们比其他类型的可充电电池更容许过度充电或在空载后继续放电。铅酸电池唯一真正的缺点是它们非常重，所以当你需要清理汽车电池时，不要试图用你的包装载很多电池。否则，你很快就会发现自己负担过重而无法逃脱追逐的僵尸。

电池充电

在正常情况下，为电池充电最简单的方法是使用交流供电的电池充电器。由于你无法使用交流电（除非你已经中了大奖找到了正常工作的发电机），因此你需要考虑如何为电池充电。

在接下来的项目中，你将学习如何使用太阳能发电并为电池充电，这在很多方面是解决"后世界末日"电力问题的最简单方法。然后，你将了解固定式自行车和汽车交流发电机如何适配给电池充电。你在这里学到的原则也适用于水轮机和风力机。事实上，任何能够以合理的速度和合理的力量转动汽车交流发电机的东西都可以用来发电。传动带是连接交流发电机的一个好方法，可以采用一些传动装置，以便交流发电机足够快地转动。

项目 1：太阳能充电器

在这个项目中，我们将教你如何通过一个简单方法使用太阳能对 12V 的汽车蓄电池进行充电。

太阳电池板

光伏（PV）太阳电池板是无声工作的，基本上不需要维护，只要放在阳光下就可以帮我们产生源源不断的电能。天空晴朗时会产生更多的电能，但即使是阴天也可以产生一定的电能。很显然，太阳电池板在晚上是不会工作的。我们用蓄电池储存电能，然后供给用电设备。为了防止僵尸对太阳电池板的破坏和遮挡，太阳电池板需要放在足够高的地方才能接受到充足的阳光。如果僵尸遮挡了太阳电池板，将会大大降低发电的效率。

你可以在房顶或者是在地面上的太阳能发电站找到太阳电池板。如果你对电力的需求比较小，一两块太阳电池板是足够你使用的。毕竟我们是为了在这里求生，就先不要想着洗热水澡了。

如你所想，太阳电池板的发电能力是以瓦（W）为单位进行衡量的。要注意的是，如果太阳电池板上标着"100W"，这表示这块太阳电池板在赤道阳光直射的中午可以产生100W的功率。大多数时候，它的功率总是小于这个值的。

太阳电池板按生产材料可以分为不同的类型，最常见的类型是单晶硅和多晶硅。单晶硅的光电转换效率非常高，但是价格昂贵。多晶硅成本较低，但也有很好的光电转换效率。随着太阳电池板面积的增大，产生电能的效率就会增加。选取什么类型的太阳电池板对我们的这个项目并不重要，重要的是你要知道你所选取的太阳电池板的功率。一般情况下，在你的太阳电池板的背面会有一个标签，上面写着关于这块面板的所有关键数据。

充电控制器

家用太阳能设备一般不直接用来给电池充电，而使用一个复杂的设备将太阳能产生的低压直流电（DC）转变为高压交流电（AC）。转换后的交流电首先用来满足房屋插座和照明的使用。然后剩余的电能接入电力公司的交流线路，并让电力公司为你生产的电能付钱。好吧，如果是在"僵尸灾难"前，你读到本书的时候，这个方法是可行的。然而，现在，电力公司的人估计都已经变成僵尸了，钱对你来说已经毫无意义。

不要再想着把用不完的电能输送给已经不在乎也不会付钱给你的电力公司了，把这些电能储存到蓄电池里面，以备将来使用会是一个更好的选择。这个项目就是用太阳电池板给你的不再使用的汽车或者船只的蓄电池进行充电。

我们不用搭建一个电子电路去控制充电，使用现成的充电控制器会让我们的工作变得更容易、更可靠。如果在"僵尸灾难"以前，你可以直接去网上店铺（例如淘宝）或者是实体店铺购买。如果现在"僵尸灾难"已经发生了，你就去找一个实体店免费去拿吧。

材料清单

为了实现这个项目，你将需要以下材料。

材　　料	说　　明	来　　源
充电控制器	12V/7A（或更高）	淘宝、废弃的汽车、船等
光伏太阳电池板	20～100W	淘宝、废品站
汽车蓄电池	12V	淘宝、废弃的汽车、船等
2个大型鳄鱼夹	7A或更高	淘宝
电源线	7A	淘宝
接线端子	10A	淘宝
万用表	普通万用表	淘宝

太阳电池板的生产规格已经变得非常标准化了。找到一个功率在20～100W并且产生12V电压的太阳电池板。12V的电池板和12V的蓄电池刚好是匹配的。实际上，12V的太阳

电池板可以产生高达 18V 的电压。

要有足够长的电源线连接太阳电池板和充电控制器。你可以使用去除掉两端连接器的交流电插座延长线。选择电源线时，低电流的电源线比高电流的电源线有更高的电阻，会造成电能的浪费。例如，一个 20W 的太阳能充电器给 12V 的电池充电时，10m 长 10A 的交流电源线会浪费 0.5W 的功率。为了减少电阻，降低能量损失，我们应尽量使用粗且短的电源线。

因为在本项目中万用表是一个固定的组成部分，并且在构建项目过程中需要切断万用表的测试引线，所以建议你使用一个价格相对便宜的万用表。你也要再准备另一部万用表，在项目的测试中我们会经常用到万用表。

除了上面列出的一些必备零件，你还需要以下一些经常用到的五金工具：

- 钻头。
- 各种尺寸的螺钉。
- 螺丝刀。

你在完成本章的项目过程中会用到很多次的万用表。如果你不懂如何使用万用表，可以查看附录 B 的"使用万用表"中的讲解。

开始构建项目

该项目最困难的部分是要将太阳电池板固定在一个绝对可靠的地方，要放置在僵尸破坏不到，并且风也不会轻易吹掉的地方。放在屋顶这会是一个不错的选择，但最终是由你来决定将太阳电池板放置在一个合适的位置。但是，你需要牢记的是你要有足够的线缆连接太阳电池板、电池以及充电控制器。

图 2-5 是该项目的接线示意图。

不同型号的充电控制器略有不同，一般情况下充电控制器有 6 个接线端子，" + "和" – "分别成对。其中一对连接到太阳电池板，另一对连接到蓄电池，第三对接头（没有出现在图 2-5 中）连接到你想使用电池来供电的设备上。现在我们来考虑怎么给电池充电，接下来我将会告诉你怎么储存电能。

充电控制器将会实时监测电池的电压和太阳电池板的电压，要保证不会对蓄电池造成过充，也要防止电池的电量完全耗尽。否则，可能会对蓄电池造成永久的伤害，导致蓄电池不能充电。很多高级的产品可能会有一个显示器来显示电池的充电和使用情况，但是我们在这里只使用一个万用表来检测目前的电池充电情况。如果你的充电控制器有充电检测功能，你可以直接把充电控制器的正极连接到蓄电池的正极，两者之间可以省略掉万用表。

第 1 步：固定太阳电池板

太阳电池板应该放在阳光充足的地方，并且要防止僵尸靠近。但是放在室内的窗户附近是不可取的。最好的位置之一就是放在你的基地南面的屋顶上，太阳电池板放置的角度取决

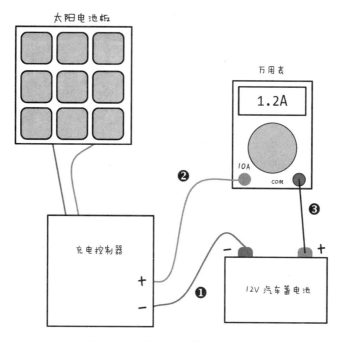

太阳电池板

万用表

1.2A

10A   com

❷

❸

充电控制器

12V 汽车蓄电池

+

−

❶

+

−

图 2-5　太阳电池板接线示意图

于你的纬度。为了获得最佳的性能，距离赤道越远，电池板放置的角度应该越大，应该越接近垂直的角度。如果你的基地有倾斜的屋顶，你可以直接把太阳电池板沿着屋顶倾斜的角度固定在上面。沿着屋顶的坡度固定太阳电池板更有利于雨雪的流走。

固定太阳电池板的过程中你可能需要用到一点木棍，来帮助你完成固定。图 2-6 展示了我将太阳电池板固定在屋顶上。

图 2-6　固定在屋顶可以用来发电的太阳电池板

第2步：将导线连接到太阳电池板上

太阳电池板可能有螺钉接线端子，或者像我们使用的这个一样，有一小段电线焊接到接线柱上。连接太阳电池板的导线要有足够长的距离到达你的基地内部一个可以保持干燥的地方。导线要穿过你的房顶或者墙壁上的孔，连接到室内的螺钉接线端子上。就像僵尸一样，水可能会从任何缝隙中钻入进来。所以在你把导线穿过之后，要把剩余的缝隙给封起来。硅酮密封剂是非常有效的。

当电线接入基地内部之后，可以使用接线板将电线延长到你需要的长度。当然，一段没有接头的导线是最为可靠的。可以使用接线板将太阳电池板的导线连接到较长的导线上，该导线将连接到充电控制器（见图2-7）。

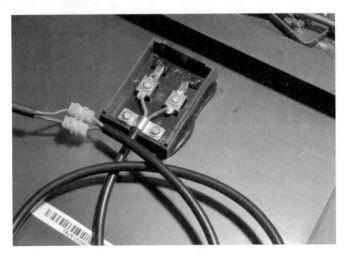

图2-7　连接太阳电池板

第3步：连接蓄电池和充电控制器

连接蓄电池、万用表和充电控制器，如图2-5所示。万用表的红色表笔引线可以固定在充电控制器的螺钉接线端子上，但黑色表笔需要以某种方式连接到蓄电池上。最好的方法是将黑色表笔连接到一个大号的鳄鱼夹上。

这就需要我们用引线和鳄鱼夹做的三根如图2-8所示的导线。第一根导线（见图2-5中的标签❶和图2-8），我使用了万用表黑色导线的一半，并且切断探针。当然，你使用任何黑线都是可以的。

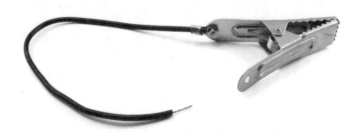

图2-8　蓄电池负极导线

这段导线将蓄电池连接到充电控制器的负极（－）端子。制作导线时，要从导线两端剥去大约1cm的绝缘层。将导线其中一端连接到鳄鱼夹上，方法是将裸线顺时针缠绕在夹子的松动的螺栓上，然后拧紧螺栓。

提示

电线应顺时针绕螺栓缠绕，这样当你转动螺栓时，它会带动电线，使其越绕越紧，而不是将电线推开。在螺栓上顺时针缠绕电线是最好的连接方式。

使用一把钳子将鳄鱼夹末端的支撑片包裹在电线周围。如果不小心拉动电线，支撑片可以防止电线从夹子上拔下。

三根引线中的第二根（见图2-5中标记❷和图2-9）将从万用表的正极高电流端子连接到充电控制器的正极输出。这根导线是万用表的正极引线，探针被切断后，剥离1cm左右的绝缘层。

第三根导线是使用万用表负极（COM）引线通过鳄鱼夹连接到蓄电池的正极（见图2-5中标记❸和图2-10）。

图2-9 正极充电导线

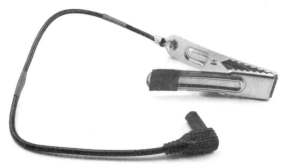

图2-10 电池负极导线

把万用表剩余的黑色引线切掉探针的一头剥去约1cm的绝缘层，并以与导线❷相同的方式将其连接到鳄鱼夹上。这段导线将连接到电池的正极端子。

然而，因为黑色一般是表示负极，这段黑色的导线很容易让人造成误解。为了让这段导线的作用更加直观，需要在这段导线上缠绕一些红色的绝缘胶带，用红色标记这条导线的意义，同时要在鳄鱼夹的末端缠绕一些红色的胶带。

现在，我们使用制作好的这三根导线将所有东西连接在一起，准备好使用（见图2-11）。请注意，大多数万用表都有一个特殊的正极插座，仅用于高电流。这个插座可能标记为10A或5A。将红色导线插入该插座。务必将万用表设置到正确的电流范围，即万用表最大的直流电流测量范围。

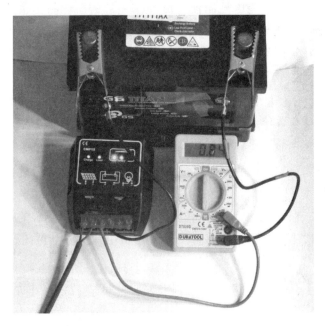

图 2-11　充电控制器、万用表和蓄电池实物连接图

第 4 步：测试

为了测试太阳电池板的性能，要使用万用表直流最大的测量量程来监控从充电控制器输入到蓄电池的电流。如果电池需要充电，充电控制器应该尽可能多地给电池充电，直到电池充满，测试万用表的电流读数为正数。电池充满后，大多数充电控制器将切换到涓流充电模式，让蓄电池始终保持满电状态。

在图 2-11 中，0.84A 的读数表示电流流入电池。如果你的当前读数为负，表示电流从电池流出，这说明接线有问题，所以你需要检查一下接线。如果太阳电池板受到遮挡或者阴天了，你会看到电流下降。

如果电池不需要充电，那么万用表的读数应为零。在第 3 章中，我们会在现有的基础上增加一些照明设备，到时候你就会看到充电的过程。

开始使用太阳能充电器

为了可以保持持续供电，你最好按这个设计多做几个备份，一旦你的太阳电池板失效或者接线出现问题，你仍然有备份电源可以使用。由于电池的连接使用了鳄鱼夹，所以更换电池是非常方便的。这样我们就可以准备一堆备用电池，将充满电的电池放在一边，以备不时之需。为你的基地储存足够多的电池，或者在浩劫后成为一个电池店的老板。用电池去卖钱在这个时候可能没有什么用处，但是你可以用这些电池来交换食物，获取供给或者为你的下一次迁移准备物资。

在阳光明媚的时候，会有大量的电流从太阳电池板流入蓄电池，这个时候鳄鱼夹会变得很烫。你可以在鳄鱼夹上缠绕一些绝缘胶带，这样可以防止在更换充满电的蓄电池时烫伤手指。

项目 2：自行车发电机

在这个项目中，你将使用一辆改装的自行车发电，这是可以用来健身的一种很好的方式，这样你就可以跑得过僵尸。这个设计使用汽车的交流发电机为蓄电池充电。交流发电机在汽车中原来的功能就是为蓄电池充电，只是现在我们没有汽车发动机可以驱动发电机。交流发电机已经包含了给蓄电池充电要用到的所有东西，所以在这个项目中，我们不需要用到在太阳能充电项目中使用的充电控制器。

提示

在这个项目中你也可以采用其他形式来实现交流发电机所需要的旋转运动。例如，你可以使用风力机、水轮机或者让僵尸帮你带动跑步机进行发电（见图 2-12）。

图 2-12　僵尸动能

材料清单

为了实现这个项目，你将需要以下材料。

材　料	说　明	来　源
自行车	大轮子	寻找废弃资源
汽车交流发电机	几乎任何发电机都可以工作	淘宝，寻找废弃资源
汽车蓄电池	12V	汽车配件店，寻找废弃资源
传动带	V 带，尺寸 A100	汽车配件店、淘宝、五金店，寻找废弃资源
2 个大型鳄鱼夹	大于 7A	汽车配件店
交流发电机对接端子	适合你的交流发电机接线端子	汽车配件店
交流发电机 F 接线柱的铲形端子	适合你的交流发电机接线端子	汽车配件店
导线	7A	寻找废弃资源
万用表	简易万用表	汽车配件店、淘宝
灯以及固定装置	12V/5W	汽车配件店
熔丝	10A 熔丝和熔丝支架	汽车配件店
G 形夹		五金店
2 ×4 木材	1.5m	五金店

这是另一个要用到万用表的项目，并且万用表要作为项目的一部分。所以，我建议你采用相对比较便宜的万用表。在项目中你会发现，有一个备用的万用表用来做测试是非常方便的。

开始构建项目

完成这个项目的关键就是让自行车的后轮离开地面。有两种实现方式，第一种是制作或者寻找一个支架，让自行车的后轮离开地面，成为一个健身自行车。但是，当你坐在自行车上的时候，支架要足够坚固，能够支撑你长时间地在自行车上，但是一般情况下支架都不够坚固。

另一种方法就是把自行车倒过来放置。然后，你可以在靠近把手附近放一把椅子，然后坐在椅子上，用手或者用脚来转动踏板。我使用了倒置自行车的方法。

交流发电机

如果你对电子产品了解不多，你可能不会知道大多数的直流电动机可以用来发电。在磁场（通常是指普通磁铁）中移动线圈将会在导线中产生电流。

与所有发电机一样，交流发电机也遵循这个基本原理。但是发电线圈所处的磁场并不是由普通磁铁产生的，而是由电磁铁产生。一旦交流发电机起动后，电磁铁所需要的电能就可以由交流发电机自身提供。为了起动交流发电机，所以需要首先用电池供电。否则，交流发电机就不可以持续工作。这就类似于鸡与蛋的关系：交流发电机需要电流才能产生源源不断的电流。图2-13显示了汽车交流发电机的简化示意图。

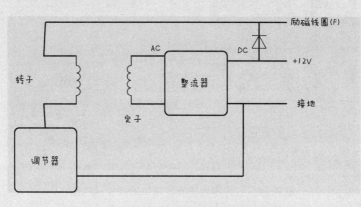

图 2-13　汽车交流发电机的简化示意图

实际上，交流发电机通常有三个定子线圈，产生三相交流电，然后转为直流电（与普通的家用两相交流电不同）。如果你想查找有关交流发电机的文章和资料，请查看 http://www.allaboutcircuits.com/vol_6/chpt_4/8.html 上的说明。

第1步：改造自行车

首先，拆卸掉自行车上你不需要的零件。你可以卸掉前轮、挡泥板和刹车。保留齿轮和链条。

然后，拆下后轮，拆掉后轮的内外车胎。然后把传动带放在车圈上，重新把后轮装回原来的位置。

第2步：将交流发电机和自行车固定在2×4的木板上

交流发电机固定到木板上没有标准的方法，结合你的实际情况把交流发电机固定在木板上即可。在固定的过程中要保证交流发电机的驱动轮和自行车的后轮对齐。如果你使用和我类似的传动带的话，这里不需要对齐得特别精确（见图2-14）。

首先把车座调整水平，然后使用G形夹将自行的车座固定在2×4的木板上。或者可以拆掉自行车的车座，在2×4的木板上打一个与车座连接杆直径相同的圆孔，然后把自行车固定在上面。

你要根据交流发电机的形状、传动带的长度，以及自行车固定的位置在2×4的木板上找一个合适的位置固定交流发电机。要根据你的实际场景固定交流发电机，并没有统一的标

图 2-14　自行车和交流发电机的放置结构图

准。在 2×4 的木板上固定好自行车之后就固定好交流发电机。我使用的交流发电机有一个很方便的孔，可以利用这个孔将交流发电机固定在木板上的另一侧（见图 2-15）。传动带不需要很大的张力，你可以用弹簧或者弹性带制作一个简易的紧固器。你可以直接用自行车上拆下来的内胎作为紧固器材。

图 2-15　将交流发电机安装到 2×4 木板上

轻轻转动自行车的踏板以确保我们固定的设备可以正常工作，然后再继续下一步。

警告

不要在没有外部电路的情况下高速旋转交流发电机，因为在没有负载的情况下在线圈中产生高电压会损坏交流发电机的内置电路。

第3步：找到交流发电机的接线端子

现在，自行车发电项目的机械结构部分已经完成了，我们可以开始着手电路部分的设计了。首先要找到交流发电机的接线端子。虽然不同型号的交流发电机略有不同，但是都遵从了一定的设计标准。尤其是旧式车辆基本上都遵循了一样的标准。另外，旧车上的交流发电机是非常容易拆下来的。

我使用的是从 eBay 上购买的经过翻新的交流发电机，价格非常便宜（见图 2-16）。灾难过后，应该会有很多废旧的汽车。

图 2-16　DELCO LRA443 交流发电机（20 世纪 80 年代开始使用）

你需要找到的交流发电机的三个接口分别是：

● 负极充电端子（－）：通常这个端子会与交流发电机的金属外壳连接在一起，但也应该有专门用于连接 U 形端子的螺栓。这个螺栓可能会被标记为 －、GROUND 或 GND。

● 正极充电端子（＋）：这个端子是与交流发电机的金属外壳相互隔离的，在螺柱周围应该有一个绝缘层。该端子通常标有 ＋，也可以标记为 BATT 或 BATT ＋。通常交流发电机会有两个正极充电端子。如果是这种情况，你可以使用任意一个端子。

● 磁场连接端（D＋）：在我使用的这台交流发电机上，这个端子被标记为 D＋，在其他的交流发电机上也有可能被标记为 F。

第4步：制作导线

既然你知道交流发电机的各个端子的作用，你需要用一些导线把所有的东西连接起来。接线示意图显示了如何连接各个设备（见图 2-17）。

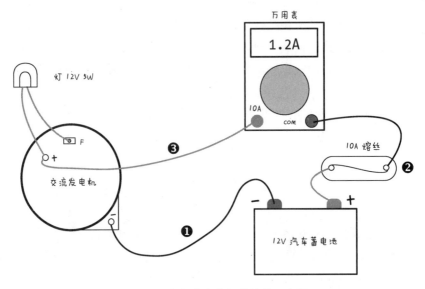

图 2-17　自行车发电机的接线示意图

灯泡有两个用途。第一，它限制了励磁线圈的电流，所以你就可以不必太过用力踩踏板就可以起动交流发电机。第二，灯泡也可作为一个指示器：当交流发电机开始发电时，灯就会熄灭。

这里，我们需要制作一些导线。让我们先制作交流发电机负极到电池负极的导线（见图 2-17 中的❶）。在电池的一段使用一个大号的鳄鱼夹，在另一端使用一个 O 形接线端子（见图 2-18）。

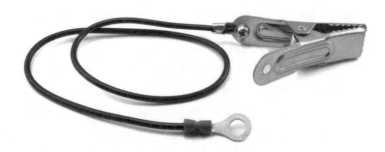

图 2-18　电池负极导线

你可以使用任何黑色的导线来制作第二根连接线，我在这里使用的是 2/3 长度的万用表的黑色连接线，从探针的一头开始使用，不过切掉了探针。导线的每一端都剥去大约 1cm的绝缘层。O 形接线端子可以压接到导线上（用钳子挤压）。将导线的另一头顺时针缠绕到鳄鱼夹的螺柱上，然后拧紧螺栓。

这个充电电路没有充电控制器来保护整个电路的安全，所以，在这里你需要一个熔丝。熔丝是一种很短的金属丝，当通过电路的电流过大时，熔丝就会熔断，从而断开连接。一个汽车电池可以储存很多的能量，足够引起一场火灾，所以需要使用熔丝。如果意外短路，熔丝就会熔断，从而切断电路，避免造成更大的损失。

有一种非常好用的熔丝，两端都有很长的引线。你可以使用这些引线制作电池正极到万用表之间的连接线（见图 2-17 中的❷）。在熔丝引线的一端连接大号的鳄鱼夹，另一端连接剩余的 1/3 长度的万用表黑色导线。用电工胶带将熔丝引线和万用表引线的连接处包好，就完成了这根连接线的制作（见图 2-19）。

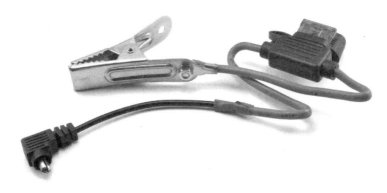

图 2-19　熔丝导线

第三根连接线（见图 2-17 中的❸）是将灯和交流发电机的正极充电端子连接到万用表上（见图 2-20）。

图 2-20　正极充电和指示灯连接线

和我们使用的熔丝一样，我在这里使用了带有引线和支架的灯泡。将灯泡引线的一端连接环形接线端子用于连接到交流发电机的 F 端子。当然，这里最好是使用 U 形接线端子，这样可以降低短路的概率。

将万用表红色引线的探针切掉，并且剥去 1cm 左右的绝缘层，将这根线与灯泡引线的另一条拧在一起。将这两条组合在一起的导线连接到一个 O 形接线端子上，用来连接交流发电机的正极充电端子。

第 5 步：最终组装

制作完成所有的导线后，就可以按照图 2-17 将所有的设备连接起来了。

图 2-21 展示了交流发电机、电池和万用表的实物连接。在把鳄鱼夹连接到电池之前，要保证万用表已经设置到最大量程，并且连接的是万用表直流接线端子。

图 2-21 完整实物的接线图

发 电 机

如果使用汽油发电机将会产生非常大的噪声。汽油发电机是很容易找到的。使用汽油发电机可以产生高压交流电，可以直接为交流电用电设备供电。使用汽油发电机要面临的问题是你需要持续不断地为它提供燃料，并且发电过程中会产生非常大的噪声，还会产生很多废气，你需要把这些气体排到你的基地外面。

汽油发电机是非常重的，如果你决定去猎另一个汽油发电机，你需要有足够的人来帮你抬这个东西。同时，你要注意躲开游荡的僵尸，如果在回基地的路上不可避免地遇到一大群僵尸，你们需要有足够的力量打败它们。

使用脚踏式发电机

在开始踩踏板之前，灯泡应该是亮着的，万用表应显示的是读数大约为 −0.3A 的电流。因为灯泡正在使用电池供电，所以这个读数是负数。

快速地踩动踏板，你会发现灯开始变暗，然后熄灭。这时候你会感到踩动踏板需要更大的力量。这对你来说是一个好消息，因为这个时候发电机正在进行发电。这时候万用表的读数会是正数。随着你踩动踏板的力量增大，万用表的读数会增加到 2A 或者 3A。

如果电池充满电，灯泡就会熄灭，同时万用表的读数为 0。这是因为交流发电机有内置的电压调节器电路，当电池充电达到其最大电压时，该电路就会停止对电池充电。如果你需要将充满电的电池放电一部分后，来测试充电是否正常，你可以先实现下一个项目。在下一个项目中我们将会用到电池中储存的电能。将电池放电一部分后，你再回来测试你的充电电路。

只有当你想开始充电的时候再把蓄电池连接到这个充电电路，否则电路中的灯泡会耗尽电池中所有的电量。

一旦你可以成功实现一个踏板驱动的发电机，你就可以重复这些步骤，为你基地中的每个人建立一个充电站。通过团队的力量来发电，你们可以储存大量的电能，每个人都可以为你们团队的持续生存做出贡献！

到目前为止，我们已经探究了几种发电方式，最主要的是为汽车蓄电池充电。在下一章中，你将学习如何使用这些电能并监控电池状态，以免突然进入断电状态。

3

使用电力

现在你拥有了一整排充满电的汽车蓄电池，且可以随时使用，现在是时候去使用它们来提升你的生活质量了（见图3-1）。首先，你需要知道如何将这些电池连成有用的东西，然后做成本章中的第一个项目，你将会制作一个简易的照明电路。

本章中的项目4会教你如何用一块微型 Arduino 控制板和其他少许的零件来制作一个简单的电池监视器。我猜，你不会想仅仅只是因为你的防御系统没电了而葬送你自己，对吧?

图3-1　汽车蓄电池在"末日"世界中有各种各样的用途

用一块汽车蓄电池给设备充电

接下来我们看看，当你把烦人的僵尸挡在障碍物之外时，怎么使用能源来让你的生活更加舒适一些。当然，你首先必须想办法把电从电池里面导出来。这里有两种常见的你可能会用到的方式。

点烟器插座

12V 的直流电已经是相当有用了。在一辆车里的点烟器插座大概就是这么大的电压，且有许许多多的 12V 电气设备你可以直接连在电池上。这其中包括了各种样式的电灯、风扇、水暖宝、空气压缩器等。

事实上，有如此之多的 12V 设备自带点烟器插头，不如直接做一个适配导线来让你能直接接入这些设备而不用再 DIY 这些设备吧。

你可以买一个点烟器插座适配器，就在你家附近的汽车配件店买即可（或上网买），样式如图 3-2 所示。买到它之后，你可以把导线的绝缘层剥掉，然后把鳄鱼夹夹在上面，这样你就可以把适配器连在电池上面了。至于如何连接电线和鳄鱼夹，请看第 2 章中的项目 1 "第 3 步：连接蓄电池和充电控制器"。

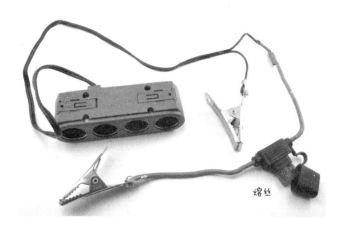

熔丝

图 3-2　制作一个点烟器插座适配器

警告

永远不要只因为汽车蓄电池仅有 12V，就认为它是人畜无害的。尽管你不会因为 12V 而被电到休克，但你也很可能会留下难看的烧伤疤痕。如果一个扳手或者螺丝刀等物品不小心让汽车蓄电池短路，几百安的电流会流过这个工具，并把它变成四处飞溅的熔化液态金属，完全可以轻易地造成烧伤甚至致盲。所以请务必记住：汽车蓄电池储存了大量的电能，可以通过这种意外而大量释放出来。

　　现在你可以开始把东西连接到电池上了，你首先要确保电池不会遭受意外的伤害。一些适配器可能已经配备了一根熔丝，但是如果你的没有，你应该在电路上添加一个熔丝。一个10A 的熔丝就足够了，就与第 2 章中的"项目 2：自行车发电机"一样。切记留一些备用的熔丝。想要狂奔去商店里面拿点可不容易，毕竟你的附近可能已经被僵尸包围了。你也许注意到了我在图 3-2 中已经包括了一根熔丝，这个熔丝能够防范一切可能在电路板短路后可能会发生的问题。

　　另一种可行的方案是用第 2 章中的"项目 1：太阳能充电器"中的太阳能充电控制器来保护你的电池，只需要放在电池和模块之间，或者任何你想要用电池供电的东西（见图 3-3）。

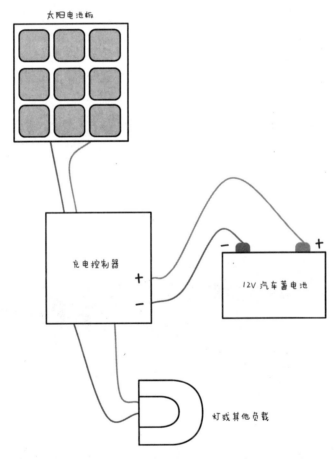

图 3-3　使用一个充电控制器来保护你的电池（这块太阳电池板并非是必需的）

　　这样，充电控制器会时刻监视电池电压，并会在当电压降到一定值的时候自动地断开连接。这是很有帮助的，毕竟如果电池放电过于频繁，电池就会受损并不再接受任何电荷了。

如果悲剧发生了，只好希望你能用"玄学"充电成功了。

在本章中的"项目 4：电池监测器"中，你会学会如何制作一个当电池电压低时报警的电池监视器。

使用电力

因为受到 USB 充电线的影响，5V 电压已经成为小型使用直流电的设备最常用的工作电压。12V 转 5V 与 120V 交流电转 5V 直流电相比，不是什么难事。在汽车配件店，你就可以找到 12V 点烟器转 5V USB 充电适配器的设备。

在图 3-4 中的适配器同时兼具 12V 的插座和 5V USB 插座。另一种适配器只有 12V 的点烟器插头，带有一两个在插头末端的 USB 插座。你可以把图 3-4 中的适配器插到图 3-2 中的适配器上。或者，你还可以切断图 3-4 中的适配器，然后用鳄鱼夹夹住，正如你对图 3-2 中的适配器所做的那样。

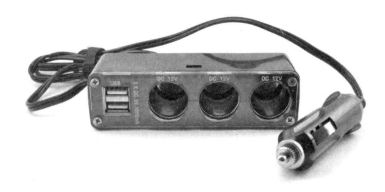

图 3-4　12V 转 5V USB 适配器

你当然可以用这款适配器来给你的手机充电。但是移动数据网会是在"僵尸末日"来临时首先崩溃的服务。首先因为人们都会尝试与所爱之人进行联系，所以会有大量的语音、数据传输从而导致过载，然后，又因为电力中断和无人维护，导致整个移动通信系统彻底崩溃。

AC 逆变器

可以用一个逆变器来实现将 12V 电池的直流电变换成 120V（或者 220V）交流电。这种设备有一个能连接 12V 电池的接口和一个可以连接普通交流电设备的交流电输出口。

但是，你不能接入功率非常高的交流电设备。在逆变器上印着的电功率会详细说明其所能承受的最大功率。用于给笔记本电脑供电的设备只需要 50W，但是你也可以找到 200W 或者 400W 的逆变器，而且不是很贵。

如果可以，最好使用直流电的设备，毕竟逆变器效率不高。逆变器会产生高压交流电，但是也会浪费大量的能量，产生热能。只需要感受一下大多数逆变器两侧的热度你就知道了。而且逆变器通常即便没有任何东西接在上面，也会使用掉大量的电流，所以你最好记住在不使用的时候要关掉逆变器。

在下一节，你将会学习如何制作一个低压的照明设备，其可以提供和交流电照明设备相同的亮度，但是是通过使用一个直接用汽车蓄电池供电的 12V 的直流电灯。

项目 3：LED 照明灯

在相同电功率的情况下的 LED 灯可以提供更多的照明，所以自然是在"僵尸末日"后照明的最明智的选择。这个项目使用 3 个 12V 的 MR16 LED 灯。这些灯从 2W 到 10W 等都有提供，且任意功率都符合这个项目的要求。

如果你想，你可以把超过 3 个的电灯连起来。只需要用一根长导线和更多的电灯。比如说，你可能有一个很长的防线需要守卫，并且较好的光照对于有效打击僵尸来说是非常重要的。

事实上，几乎任何 12V 的光源都可以使用，包括 500W 的高功率碘钨灯等。但是，你要注意，越高的电功率也就意味着电池电量消耗得越快。

材料清单

为了完成这个项目，你需要以下材料。

材　　料	说　　明	来　　源
汽车蓄电池	12V	汽车配件店、废弃堆
2 个大型鳄鱼夹	7A 或者更多	汽车配件店
MR16 LED 灯	12V/2 ~ 10W	五金店
开关	内联开关（5A）	五金店
电线	7A	废弃堆
熔丝	10A 的熔丝和熔丝座	汽车配件店

开始构建项目

这个项目的 LED 灯是并联的（见图 3-5）。这样的话，每个灯都能从电池里面得到 12V 的电压，且如果任意一个灯因为某些不可描述的原因而坏掉了，其他的灯仍然可以正常运行。

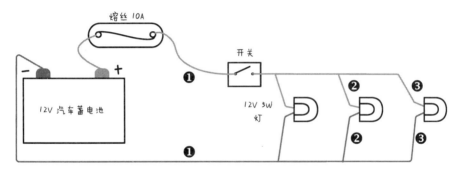

图 3-5　12V 照明系统

第 1 步：准备电线

如果你使用相对来说比较少的低功率 LED 灯（最多 5 个，每个最多 5W），双芯电铃线就足够了。专门为发声器设计的电线也是不错的选择。在我的设计中（见图 3-5），我用了 3 个灯，所以我剪了 3 段电线，并都在两端剥了 15mm 的绝缘层。

第一根线（在图 3-5 中用❶标识）从电源正极连接到开关然后连到灯上。第二根（❷）继续连到第二个灯上，最后一根（❸）会连到最后那个灯。

在所有电线汇集的地方需要把两根电线和灯脚搓在一起（见图 3-6）。

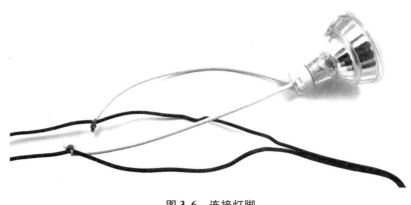

图 3-6　连接灯脚

为了使连接能够更加地牢靠，焊接一下搓在一起的连接处。无论你是否焊接，都一定要用绝缘胶带裹一下。如果你需要指导如何进行这样的连接，请看附录 B 的"通过扭转连接导线"。

第 2 步：连接熔丝和开关

把熔丝和鳄鱼夹连在一起，完成连接。请注意，这些 MR16 灯包括了一块自动切换 LED 极性的电路，这意味着你可以从任意电极连接它们。如果你用的是其他 12V 的 LED，请检查一下是否区分开了正极和负极连接。如果是这样的情况，请确保把正极连到了开关的线上，负极连接到电池负极的线上。

鳄鱼夹连到已与开关相连的熔丝上（见图3-7）。再次说明一下，这些线可以搓在一起，且为了达到更加稳固的目的，你可以焊接一下线的连接处。轻触开关使用的是螺钉接口来连接电线。一端是直通式金属连接器，另一端有弹簧触点，当开关闭合时连接两端。

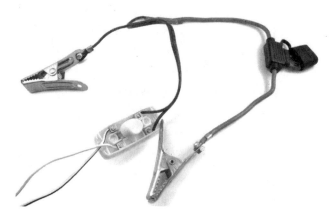

图3-7　为照明系统连接熔丝和鳄鱼夹

第3步：安装灯

现在所有东西都连上了，把鳄鱼夹连到电池上，当开关被拨动的时候，确保灯会亮。当你看到灯亮了的时候，你就可以把灯固定到天花板、墙，或者任何你想要固定的地方上。

使用照明

根据墨菲法则，电池一定会没电，然后在僵尸乘机进攻的时候灯会关掉。为了预防这种情况，最好预先知晓一下灯在需要再次充电前大概能持续多久。

持续时长取决于你的电池的大小和质量。回去看一眼表2-1，你就会知道给5W的LED灯供电理论上可以持续120h。因此，一串6个的5W LED灯应该能够持续照明20h。如果你意外地很卖力，把3个60W 12V的碘钨灯连到一起，你在需要再次充电前，只能持续4h的照明。

无论你想要点亮什么东西，能够提前预知电池电量不足都是极好的，当然，这就是下一个项目的目的所在。

项目4：电池监测器

我建议多充一些电池以备不时之需。这样的话，如果僵尸破坏了你家的太阳电池板，或者你因为感到不是很舒服而无法踩踏发电机的时候，你就不会深陷黑暗之中而感到无所适从。因此，拥有一个能够监测电量并提前报警的系统是非常重要的，这样你就可以在电量不足时提前换一块新电池。

这个项目需要一块 Arduino，这是一块能够帮助你完成需要一点"逻辑"的电子项目的小板子。这一次，背后的"逻辑"只是简单地测量电池电压，再显示出来，并在电压小于一定水平的时候让蜂鸣器发出警报。

这块 Arduino 会同样从它所监测的汽车蓄电池中获取电力。这块板子只需要不到 1W 的电功率来运作，所以让这块板子一直连接到电池上是没有问题的。

在电池监测器的构建中（见图 3-8），鳄鱼夹连接着电池监测器和电池。如果电池已经被较大的鳄鱼夹夹住了，那么这些小一些的鳄鱼夹可以连到大的鳄鱼夹的一端上。

图 3-8　电池监测器

左边电阻（见图 3-8）的左端连接电池的正极，而右边电阻的右端连接电池负极。

材料清单

为了完成这个项目，你需要以下材料。

材　　料	说　　明	来　　源
Arduino	Arduino Uno R3	Adafruit、Fry's（7224833）、Sparkfun
Arduino 接线柱扩展板	接线柱扩展板	Adafruit（196）
LCD 扩展板	LCD 16×2 显示扩展板	淘宝、Sparkfun（DEV-11851）
蜂鸣器	微型压电式蜂鸣器	Adafruit（1740）、eBay
270Ω 电阻		Mouser（293-270-RC）
470Ω 电阻		Mouser（293-470-RC）
小型鳄鱼夹导线		汽车配件店

使用 Arduino 的时候需要注意的是，世界上有很多被称为扩展板的已经做好的模块可以安装在 Arduino 上面，并能在不需要添加任何复杂电路结构的情况下，赋予其许多额外的特性。这个项目使用两个堆积在一起的扩展板。

第一个安装在 Arduino 上面的扩展板名为接线柱扩展板，有时也被称为挡风板。这块板子能够通过使用螺旋式接线柱和螺丝刀让你在 Arduino 上连接导线。第二个你会安装在 Arduino 上也就是在最上面的那个扩展板是一个 LCD 扩展板。这块板子能够通过进度条来显示电池电量。如果你严重怀疑有僵尸在附近溜达，对于这个项目你也可以选择让蜂鸣器静音来避免僵尸的追击。

在这个项目中最后剩下没讲的电子元器件是一对电阻和一个蜂鸣器。电阻是必需的，毕竟尽管 Arduino 有输入端口来测量电压，但是也仅仅可以测量最多 5V 的电压。任何超过标准的电压都可能会弄坏 Arduino。你需要把电阻摆放成分压器的样式。电阻会减少施加在 Arduino 上的电压，这样电池里面 12V 或者 13V 的电压就会被降到 4.7V 或者更少。

分 压 器

使用两个电阻制作一个分压器（见图3-9）是一个比较好的用来减小测量电压的方式，减小到比如说能够用 Arduino 直接测量的地步。

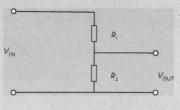

图 3-9　分压器

如果你知道 V_{IN}、R_1 和 R_2，那么用来计算 V_{OUT} 的公式为

$$V_{OUT} = V_{IN} \times \frac{R_2}{R_1 + R_2}$$

如果 R_1 是 470Ω，R_2 是 270Ω，且 V_{IN} 最大电压为 13V，那么

$$V_{OUT} = 13V \times \frac{270Ω}{470Ω + 270Ω} = \frac{3510}{740}V = 4.74V$$

换句话说，就算你的电池完全充满了，且预计提供 13V 电压，也最多只有 4.74V（低于 5V 最大限制）能到达 Arduino。如果输入电压低于这个指标，V_{OUT} 会对应地成比例变化。比如，如果电池电压为 6.5V（顺带提一句，这表明有问题发生了），V_{OUT} 会是 2.37V。

开始构建项目

记住，在这个项目中你不需要任何的焊接材料。你唯一需要的工具就是一个螺丝刀。

第1步：在 Arduino 上编程

Arduino 程序，也被称为 sketch，能够决定一个在 Arduino 上的接口或者说引脚成为一个输入端或者输出端。就算你把它与其他电路断开，Arduino 也能够记住每个引脚是否为输出端或者输入端。因此，如果在你最后使用的时候，你的 Arduino 上的一个端口被设置为输出端，那么再把这个 Arduino 连接到一个新的且把这个端口用于输入的硬件时，会直接导致连接着的 Arduino 或者电路板的损坏。在开工前，在把程序加载到 Arduino 上面时，你要确保每一个引脚都正如你的电路所设计的那样工作。

你会在附录 C 中找到详细的关于如果开始使用 Arduino，将其连接到你的电脑上，并在上面加载一个 sketch 的介绍。在这个项目中，这个 sketch 名为 Project_04_Battery_monitor 且所有其他的代码文件能够在 https://github.com/simonmonk/zombies/找到。

第2步：制作 Arduino "三明治"

当使用两个扩展板时，Arduino Uno 位于下方，接线柱扩展板安插在上面，然后把 LCD 扩展板放在接线柱扩展板上面（见图3-10）。LCD 扩展板必须位于最上面，不然你没法看到它想说啥了。

图 3-10　一块 Arduino "三明治"

当把一块扩展板的引脚安插在 Arduino 或者接线柱扩展板上面时，请务必确认所有引脚都与对应的洞口对齐，不然你会弄坏引脚的。当你把它们插进去的时候，是很容易把它们弄歪的。

第 3 步：安装电阻和蜂鸣器

你需要把电阻和蜂鸣器安装到接线柱扩展板的螺旋式接线柱上面（见图 3-11）。

可以通过使用一个万用表来测量（请参看附录 B 的"使用万用表"）或者读印在电阻上面的色环来辨识这两个电阻的大小。470Ω 的电阻会有黄色、紫色和棕色的色环；而 270Ω 的电阻会有红色、紫色和棕色的色环。在附录 A 的"电阻色环编码"中，你可以找到电阻色环编码表和如何通过条环辨识电阻的介绍。

有一些蜂鸣器会有一根红色的正极导线和一根黑色的负极导线。如果是这样，黑线接 GND（地）并把红线连到 Arduino 上的 D11 端口。其他的蜂鸣器会有相同颜色的导线。如果是这样，你怎么连都行。

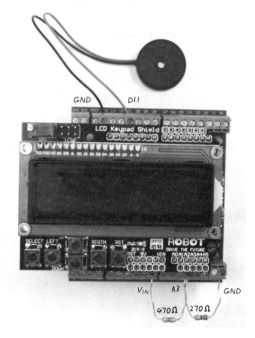

图3-11 把元器件连接到接线柱扩展板上面

程序

这个项目的程序首要的目标是要确保正确的字符在正确的时间正确地显示在 LCD 显示屏上面。我会向你展示所有的代码，你不必完全理解这个程序是如何让这个项目运转的。跟着附录 C 的"安装 Antizombie 程序"中的步骤，你可以完全直接上传到 Arduino 板子上面。

如果你想要了解如何在 Arduino 上编程，请看附录 C 或参阅《Arduino 编程：实现梦想的工具和技术》。

在这个程序中我们首先要加载名为 LiquidCrystal 的能够控制 LCD 扩展板的库。因为这个库文件已经是 Arduino 编程软件的标准库的一部分，所以你不用再去下载并安装该库文件。

```
#include <LiquidCrystal.h>
```

在这个库文件代码之后，我们定义 3 个关于比较关键的电池电量的常量。

```
const float maxV = 12.6;
const float minV = 11.7;
const float warnV = 11.7;
```

按顺序，这些电压分别是：完全充满的电池电压，你认为能够允许处于非充电状态的最小电压，以及蜂鸣器报警的电压。最后两个都被设置为 11.7V。这些数值对于铅酸汽车蓄电池来说都是非常常见的，但是如果你使用的是不同品种的电池，你可以修改这些数值。因为这些数值都带有小数点，这些变量都被称为浮点数。你可以在附录 C 中找到 Arduino 数据类型的更详细的信息。

接下来的几行定义了要使用的 Arduino 的引脚。

```
const int buzzerPin = 11;
const int voltagePin = A3;
const int backlightPin = 10;
const int switchPin = A0;
```

Arduino 上面各种引脚通常都用数字来简单地标识，所以这些常量赋予了它们有意义的名字。你不需要改变这些引脚的编号，除非你决定要用不同的方式连接监视器。

最后的部分定义了在分压器中使用的电阻的数值。

```
const float R1 = 470.0;
const float R2 = 270.0;
const float k = (R1 + R2) / R2;
```

常数 k 是输入电压会被降低的倍数，用于将电压调整到在 5V 的 Arduino 测量范围内。接下来的一行初始化了 LCD 显示屏，指明了要用哪些引脚。

```
//                RS,E,D4,D5,D6,D7
LiquidCrystal lcd(8, 9, 4, 5, 6, 7);
boolean mute = false;
```

//打头的第一行写明了 Arduino 的哪些引脚端号对应了 LCD 模块的哪些引脚。下面一行定义了一个名为 mute 的布尔变量（一种只能为真或假的值），用于使蜂鸣器静音。

当 Arduino 开机时，接下来的 setup 函数只运行一次。这个函数确认了把背景灯引脚（D10）设置为一个输入端口。

```
void setup()
{
  //由于普通廉价LCD显示屏的缺陷
  //D10输出设为High时控制的背光灯可能烧坏Arduino 引脚
  pinMode(backlightPin, INPUT);
  lcd.begin(16, 2);
  lcd.setCursor(0, 0);
  lcd.print("Battery ");
}
```

背景灯只用于一些 LCD 扩展板上面，但是很多 LCD 扩展板可能有一个设计缺陷：如果当扩展板这个引脚被设置为输出端并被设置为 High 时，Arduino 就可能会被弄坏。为了以防万一，D10 最好被设置为输入端。剩下的函数代码初始化了 LCD 显示屏，并使其显示 Battery 字样，这个是固定的且一直显示的字样。

setup 函数下面的 loop 函数会一直不停地运行。换句话说，当函数中所有的命令都被执行了一遍后，函数就会立即从头开始运行。

```
void loop()
{
  displayVoltage();
  displayBar();
  if (readVoltage() < warnV && ! mute)
  {
    tone(buzzerPin, 1000);
  }

  if (analogRead(switchPin) < 1000) // 按任意键
  {
    mute = ! mute;
    if (mute) noTone(buzzerPin);
    delay(300);
  }
  delay(100);
}
```

在 loop 函数中，显示屏会一直被更新。在显示屏上你可以检查电池电压是否低于警报电压，还可以检查电池监测器的静音模式是否运行正常。

在代码内部，这个 loop 函数还调用了一些其他的函数。这其中第一个是 displayVoltage 函数。

```
   void displayVoltage()
   {
     lcd.setCursor(8, 0);
❶  lcd.print("        ");
     lcd.setCursor(8, 0);
❷  lcd.print(readVoltage());
     lcd.setCursor(14, 0);
     lcd.print("V");
   }
```

这个函数在显示屏第 8 列开始起作用，并用 8 个空格（见代码❶处）重写了这 8 个字符来占位。然后又把光标移到第 8 列，在写入位于最后一列的 V 字符之前，在空格处（见代码❷处）写入电池电压。

这个 displayVoltage 函数内又使用了 readVoltage 函数将来自 Arduino 模拟信号的原始读数转化为电压信号。

```
float readVoltage()
{
  int raw = analogRead(voltagePin);
  float vout = (float(raw) / 1023.0) * 5.0;
  float vin = (vout * k);
  return vin;
}
```

从 Arduino 模拟信号中的读数是从 0 到 1023 的整数，0 代表 0V 而 1023 代表 5V。所以，在 readVoltage 中 vout 变量的值代表着分压器的输出电压——也就是，已经被降低的电压。

你需要反过来计算原来的电池电压 vin, 然后把这个数值显示出来。

在这个程序中最后的函数用于显示进度条, 显示电池内还剩余多少电量, 如果电池监测器处于静音模式, 还要显示 MUTE 的字样。

```
void displayBar()
{
  float v = readVoltage();
  float range = maxV - minV;
  float fullness = (v - minV) / range;

  int numBars = fullness * 16;
  lcd.setCursor(0, 1);
  for (int i = 0; i < 16; i++)
  {
    if (numBars > i)
    {
      lcd.print("*");
    }
    else
    {
      lcd.print(" ");
    }
  }
  if (mute)
  {
   lcd.setCursor(12, 1);
   lcd.print("MUTE");
  }
}
```

这个 displayBar 函数在显示屏第二行的 16 个字符占位内逐步显示数据, 并根据电池电量状态来决定显示一个 * 或者一个空格字符。

使用电池监测器

当你把电池监测器连接到电池上的时候, LCD 显示屏应该就会亮起来, 然后在第一行的前端显示电池电量的读数。显示屏第二行会显示一串 * 字符来标明电池剩余电量。同样, 如果你按压位于显示屏下方的按钮来断开蜂鸣器, MUTE 的信息字样就会出现。

如果你的显示屏一片空白或者难以认读, 你可能需要调整一下对比度。只需要用一个小的平头螺丝刀来转动位于 LCD 扩展板 (见图 3-11) 右上方的可变电阻即可。

现在你有了电量产生和照明的基础, 可以开始关注如何探测僵尸了。你可以在第 4 章看到如何知晓僵尸的到来。

"僵尸" 警报

电影告诉我们僵尸不会在没听到喊叫声的时候移动。它们异常地笨拙且容易撞到东西。但是,它们还是有可能趁你不注意抓到你,然后你就会陷入"长眠"了。因此,利用刚产生的电力你首先应该制作一些僵尸警报装置(见图4-1)。

本章有两个僵尸探测器项目:一个简易的低技术含量的绊倒绳警报器和一个比较复杂的被动红外线(PIR)靠近警报器。

图 4-1 僵尸探测

项目 5：绊倒绳警报器

僵尸会一直试图闯入你家大门，或者是因为它们受到气味和响声的吸引，又或者仅仅只是因为没有意义地闲逛。你需要一种方法能够探测到它们，这样你就可以有时间拿起你的棒球棒或者工具并前往你的防线缺口备战。想要在它们到达的时候被告知，绊倒绳警报器会是一个不错的选择。

众所周知，僵尸会拖着脚行走。它们也常常不知晓它们走到哪里了，毕竟它们只是一群被人类所吸引的怪物罢了。因此，即便是一个完全不可能骗过人的绊倒绳警报器也可以搞定一个僵尸（见图 4-2）。这个警报器采用的材料可以在废弃堆中随意找到，并能够在被触发时让一个汽车喇叭报警。

图 4-2　一个绊倒绳警报器

材料清单

为了完成这个项目，你需要以下材料（微动开关可以在微波炉中的安全门锁联动装置中获得）。

材　　料	说　　明	来　　源
绳子	长到能够横跨你想要探测僵尸的缺口	五金店
钉子或者螺钉	为了能够固定绊倒绳和微动开关	五金店、废弃堆
微动开关		Fry's（2314449）、微波炉
双芯电铃线或者音箱线	用来连接微动开关、电池和汽车喇叭	五金店、废弃堆

材　料	说　明	来　源
汽车喇叭	越响越好。即便是僵尸当一个汽车喇叭在它们脑袋很近的地方轰鸣的时候也会看起来十分"受惊"，这也许是末世有趣的几件事情之一了	汽车配件店、废弃堆
12V 电池	可以是汽车蓄电池，但是一个小型电池也完全 OK	汽车配件店、废弃堆

大部分材料你可以轻易地在废弃堆里面找到，你可能不会有充足的电力来运转一个微波炉，所以你可以把微动开关拆下来。

当然，如果你是在"僵尸末日"来临之前练习一下，仅仅只是为了 2 美元的开关而拆掉一个微波炉很明显是一种极大的浪费。因此，尽量使用已经坏掉的微波炉。顺便一提，在僵尸附近放一个微波炉是一件很危险的事情。

我使用的 12V 电池是小型的密封铅酸电池。当然也有高效的微型电池。但是如果有一个像第 2 章里面一样的汽车蓄电池，你肯定会想要用这个大点的。

警告

接下来的步骤会说明如何拆解一台微波炉。你只能在已经把插头拔出电源后才能开始项目。在最好的情况下，这个步骤只是会让微波炉废掉；而在最坏的情况下，则会让其变得极其危险，所以微波炉之后必须报废掉。请务必不要尝试使用已经坏掉的微波炉来制作反僵尸热辐射武器（但是用来作为投掷物是可以的）。

开始构置项目

在一个后"末日"时代，这种看起来科技含量很低的陷阱其实非常可靠。这个项目中最难的部分是把微动开关从微波炉中弄出来，这也是我们最先开始的地方。当然，如果你计划得比较早，你完全可以自己买一个开关。如果你已经准备好了开关，请跳到"第 2 步：辨识微动开关的接口"。

第 1 步：获取一个微动开关

各型号的微波炉都有点不太一样，所以你需要灵活运用接下来的指示。最基本的原则就是请不要着急把螺钉安装回去直到你弄到了微动开关为止。大部分的微波炉都有 U 字形的外壳，一旦被拿开，你就可以比较清晰地看到微波炉的内部结构（见图 4-3）。这样的话，在门闩附近的微动开关就可以比较方便地拿到了。

在图 4-3 中，微波炉门是在右边，所有控制按钮和球形把手所在的区域的背面是在右边的顶部，且门闩的内部非常接近有线圈的区域。

图 4-3　微波炉内部

最好你所苦苦寻找的微动开关有连到其接头的夹子（见图 4-4）。不然，就需要把线的焊锡熔掉然后再加上一根长度合适的新导线。微波炉同样包含有你所需要的其他有用的导线，且很有可能带有扇形接头。

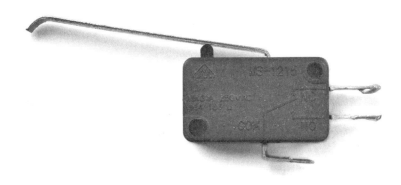

图 4-4　一个微动开关

注意

　　如果你一开始看不到微型开关，那么将微波炉再拆开一些直到明显看到它，有些微波炉有多个微动开关。

在卸下微动开关后，如果其连接的导线足够长，你可以保留连接足够长的导线再从微波炉上剪断。否则，拆除导线并连接合适长度的新导线。微波炉还有许多其他有用长度的导线，特别是那些带有 U 形端子的导线。

很不幸的是，在这个项目中拆剩下的微波炉就没什么用了，尽管剩下的东西可以做成一个极其有效的僵尸头部撞击物，可以从高处扔到咆哮着的僵尸堆中。当然最好事先在上面再绑根绳子，这样你就可以重复使用了。毕竟都僵尸时代了，循环利用也变得更加重要了。

第 2 步：辨识微动开关的接口

微动开关有 3 个接线端口（见图 4-4）。如果仔细看，就会发现有 COM（common，公共端口）、NC（normally closed，常闭端口）和 NO（normally open，常开端口）。当你按压长杆左侧的时候，长杆会推动位于开关那侧的小按钮。

当你把微动开关连接到电路中的时候，你需要将其连接到 COM（公共）端口。而连接到其他端口就取决于你是否想要当开关激活或者被释放时让某一事件发生。开关的 NO（常开）端口表明当开关处于未激活状态时不连接，也就是直到按钮被按压前都保持断开。NC（常闭）端口就是反过来运作的。你会想要当一个僵尸碰到绊绳时激活开关，然后拉响警报，所以本项目使用 NO（常开）端口连接。

第 3 步：电路示意图

现在让我们看看这个小开关是如何成为你高级僵尸警报系统的关键部件的。

绊倒绳警报器的图纸（见图 4-5）尽可能简单标明了电路图。如果有一个汽车喇叭的端口很明显地标注为正极，你就应该把它连到电池的正极。或者除此之外，你想怎么连就怎么

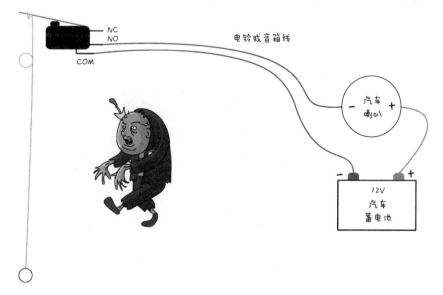

图 4-5　绊倒绳警报器图纸

连。电池的负极端口要连到微动开关的 COM 端口，且微动开关的 NO 端口要连回到汽车喇叭上面来完成一个完整的电路。

注意

在发声前，汽车喇叭通常需要12V 电压来驱动，一个汽车蓄电池对本项目来说刚刚好。更多关于如何使用电池的信息请看第2章。

这个警报器的一大优势就是在警报拉响之前都不会从电池中用掉一丁点电量。这也就表明，你的电池能够为有效的僵尸防御工事续航很长一段时间。

第4步：准备导线

你需要两种长度的线缆：一种长的连接到微动开关的双芯导线和一种短的（大概15cm长）导线用于连接电池和汽车喇叭的正极端口。

把所有导线的两端都剥皮并剪齐。如果你觉得自己需要一点帮助，请看附录 B 的"剥线"。

第5步：连接电池和汽车喇叭

如果你使用的是带有焊片的小型12V 电池，请把短线焊接到电池正极端口和汽车喇叭的正极端口上面（见图4-6）。另一方面，如果你使用的是汽车蓄电池，请不要尝试直接焊接到端口上面而应该使用鳄鱼夹，就像你在第2章里面对导线所做的那样（比如说，像图2-10那样）。

同样，如果汽车喇叭没有一个端口标记着 +，那么请随意连接一个端口到电池上面。

第6步：连接开关

把较长的双芯导线一端的两根线与开关的 COM 端口和 NO 端口焊接起来（见图4-7）。在使用 COM 端口和 NO 端口的时候，不用在意哪根线连到微动开关的哪个端口上。实际上，有时候甚至在微动开关上根本就没标 COM 端口或者 NO 端口。

图4-6　连接电池和汽车喇叭

图4-7　把线焊接到开关上面

现在连接双芯导线的另一端到尚未使用的汽车喇叭的端口和电池的负极端口上（见图 4-8）。

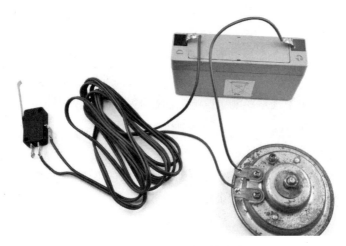

图 4-8　完成连接后的线缆

在完成连接所有线缆后，如果你按下金属片来激活开关，会发现汽车喇叭发出刺耳的响声。汽车喇叭相当吵，所以最好不要在封闭空间里面尝试——并在你开始测试前警告你的幸存者小伙伴不要试图靠近！

使用绊倒绳警报器

当然，你需要选择一个黄金时段来部署这个项目，不然你会在完成部署前命丧僵尸口。在你确认了要守卫哪个缺口的时候，在地面上 15cm 的地方固定一个螺钉或者钉子（或者找个能够保证绳子一般不会掉的方法就行）。这样无论是拖着脚走路的僵尸还是更活跃一点直接踩踏绳子的"运动员"僵尸都可以触动开关。

在你想要守卫的走廊的另一端，在与绳子的固定点同样高度的位置固定微动开关。大部分微动开关有能够用小型螺钉固定的孔。如果没有，你可以用环氧树脂胶水或者热熔胶来黏住开关。

请在安置微动开关的时候确保金属片朝向受保卫区域的外方，把绳子缠绕到金属片顶部（见图 4-9）。

不要把绳子连得太紧。毕竟，当僵尸路过的时候，你不会希望在探测到僵尸的同时把微动开关给扯下来。所以在一端打一个蝴蝶结是个不错的主意。

我使用的是汽车喇叭，不过你可以使用任何能够发出声音并能在 12V 电压下工作的器件。同时，如果你更倾向于静音警报，你可以在汽车喇叭位置安装 12V 的汽车车灯。

但是，这两个方法都不是很复杂，所以在下一个项目中，我们会用一些稍微高科技一点的手段给僵尸警报器来个大升级。

图 4-9 固定了的微动开关

项目 6：PIR "僵尸" 探测器

本书第二个僵尸探测器项目使用的是一个被动红外线（PIR）探测器。这些探测器和大部分闯入警报器中使用的探测器类型相同（可以感知到热源的运动），我猜想没什么东西能比那群想要享用你大脑的僵尸更具侵入性了。

你当然可以买一个使用 PIR 探测器的闯入警报器，而不是从头开始造一个出来，但是我个人觉得用 Arduino 造点什么更加有趣一些。事实上，如果你把 PIR 探测器所需的额外器件加到"项目 4：电池监视器"上面，同一个 Arduino 就可以用同一套蜂鸣器和显示屏来同时监视你的电池电量，并可在危险来临时给你提个醒。

当僵尸触发 PIR 传感器时，LCD 显示屏会显示"ZOMBIES！！"的字样（见图 4-10）。因为在击退僵尸时你还想要尽力杀死更多的僵尸，这个项目可以让你在想要静音警报时只需要按下 LCD 扩展板上面的任何一个按钮即可。

材料清单

为了制作这个 PIR 探测器，你需要以下材料。如果你已经制造了"项目 4：电池监测器"中的电池监测器，那么说明你已经有了 Arduino、接线柱扩展板和鳄鱼夹。

图4-10　PIR 僵尸探测器

材　　料	说　　明	来　　源
Arduino	Arduino Uno R3	Adafruit、Fry's（7224833）、Spark-fun、淘宝
Arduino 接线柱扩展板	接线柱扩展板	Adafruit（196）、淘宝
PIR 模块		Adafruit（189）、Fry's（6726705）电子市场、淘宝
小型鳄鱼夹导线		汽车配件店、淘宝
三芯导线线缆	足够长以连接 PIR 传感器	废弃堆、淘宝
接线板	3 线，2A 接线板	汽车配件店、电子市场、淘宝

僵尸与 PIR 探测器

　　我们目前没有讨论的一件比较重要的事情就是僵尸是否能够触发通过测量热量来探测目标的 PIR 探测器。

　　尽管僵尸通常被认为应该是凉的，但是要想使肌肉运动而不产生一了点的热量是不可能的。而且，如果体温很冷的僵尸在一个热源和 PIR 传感器之间移动，传感器同样也会纪录下运动轨迹。所以，尽管僵尸通常比人类要"凉"一些，你也完全可以使用 PIR 传感器来预判僵尸的"驾临"。

开始构建项目

　　这是另外一个你不需要焊接就可以组装的项目，且我的操作指南是基于你已经完成了项目 4。如果你并没有完成项目 4，那你也可以先完成本项目这个稍加修改的版本，毕竟 PIR

僵尸探测器所需硬件都是一样的。

第1步：安装接线柱扩展板

请翻阅项目4中的"开始构建项目"环节，并跟着第1~3步操作。在第1步中，从 https://github.com/simonmonk/zombies/中下载名为 Project_06_PIR_Alarm 的 sketch（Arduino 程序的通用名称），并且把代码复制到项目4的 sketch 中。同样，在第3步中，你不需要用到那两个电阻，除非你同时还想要监视电池电压。

第2步：给PIR传感器接线

当僵尸已经和你共处一室的时候，僵尸探测器已经毫无用处了。毕竟它们如此长驱直入，你已经毫无胜算了。因此，你需要把一根很长的导线连到 PIR 上面，这样就可以监视走廊、过道或者其他任何你的住宅区以外的地方了。

PIR 探测器有3个接线：两个是提供电力，而另一个输出是否感知到了运动。这也就代表着你需要一个三芯导线。你能够在警报器中找到一些，或者你可以使用固定电话的延长线来替代。任何内含有3根或者更多导线的线缆都可以拿来使用。

你可以要么把线头与 PIR 传感器的接头焊接起来，要么像我一样使用一个接线板（见图4-11）。

我从一个电话延长线那里得到了我的三芯导线。其实这根线包含4

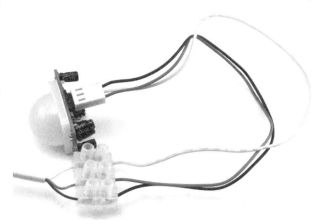

图4-11　PIR 接线和接线板

条独股绝缘导线。这些导线都是有颜色的，所以我用蓝色导线作为 GND（接地）线、橘色导线作为 5V 线、把有条纹的白色导线作为输出线，剩余的那根置之不理。这根线有9m 长且能与传感器正常工作。你可以使用更长的线，但是请在放置线缆前测试一下能不能用。

第3步：把PIR连到接线柱扩展板上面

现在把你的传感器导线延长到了一个更加实用的长度，可以把导线连到 Arduino 接线柱扩展板上面了（见图4-12，你应该注意到了在左下方的项目4中的两个电阻）。

如果你看看 PIR 传感器的背面，你会发现3个标有 GND、OUT 和 +5V 的引脚。把 PIR 传感器上面的 GND 连接到接线柱扩展板上的 GND 接口，你连哪个都行。然后连接 PIR 传感器上的 +5V 到接线柱扩展板上面的 5V 接口。最后，把 PIR 传感器的上面的 OUT 连接到接线柱扩展板上的 D2。

4　"僵尸"警报　**57**

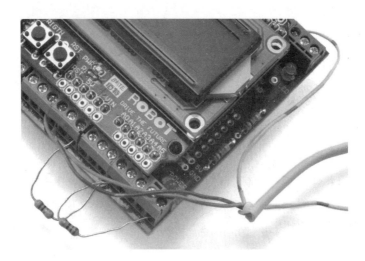

图 4-12　把 PIR 导线接到 Arduino 接线柱扩展板上面

程序

如果你只想要在没有任何前面使用 Arduino 的项目基础的情况下，自己动手做这个项目，请使用名为 Project_06_PIR_Alarm 的 sketch。另外，如果你做过一两个其他 Arduino 项目，并希望能够包含到这个项目里面，那请使用名为 All_Sensors 的 sketch，然后酌情修改顶部的常量来选择你想要做的项目。

名为 All_Sensors 的 sketch 的前几行在下面展示出来了：

```
/*
Any projects that you want to exclude from this program should have a
value of "false". That way, you will not get any false alarms because
of missing hardware.
*/
const boolean project4 = true; // Battery Monitor
const boolean project6 = true; // PIR Alarm
const boolean project10 = false; // Door Monitor
const boolean project11 = false; // Fire Alarm
const boolean project12 = false; // Temperature Monitor
```

在这个代码里面，只有电池监测器（项目 4）和 PIR 僵尸探测器（项目 6）被激活了。如果你想要勾选更多项目，可以把那些项目所对应的值从 false 改为 true。如果你是初学者，那你得看看下面展示的项目。

所有本书的源代码都可以在 https://github. com/simonmonk/zombies/ 找到。如果你需要知晓如何上传程序可以在附录 C 寻求帮助。

PIR 探测器代码是以项目 4 为基础进行修改的，所以如果你想要知道整个项目代码是如何运转的，请翻阅项目 4 的"程序"。在这里，我只会说说本项目的代码。

对代码首先更改的是为 PIR 的 OUT 引脚添加新的常量。我在 switchPin 常量后面那一行添加了 pirPin 常量。

```
const int pirPin = 2;
```

我把 pirPin 数值设置为 2，因为 PIR 传感器的输出会连接到 Arduino 的 2 号引脚。下一步对 sketch 的添加是在 setup 函数里面，这里对应的 2 号引脚要设置为输入。

```
pinMode(pirPin, INPUT);
```

尽管 Arduino 上面的引脚（除非被指明为输出）都会被默认设置为输入，把引脚声明为输入能让代码更易读一些。

loop 函数现在需要检查一下这个传感器，所以我添加了对 checkPIR 函数的调用。

```
checkPIR();
```

checkPIR 这个新的函数正如其名，会时刻检查 PIR 传感器的状况，并且如果传感器被激活，就采取合适的措施。这个函数会在这个 sketch 的最后定义。

```
void checkPIR()
{
  if (digitalRead(pirPin))
  {
    alarm("ZOMBIES!!");
  }
}
```

checkPIR 函数会从 pirPin 读取数字信号来判断 PIR 探测器的读数是否为 HIGH 或者为 LOW。如果运动被检测到了，alarm 函数就会被用来显示对应的信息。如果你想进一步知道如何使用 Arduino 的输入和输出，请参看附录 C。

使用 PIR "僵尸" 探测器

这个项目可以和电池监视器组合在一起，毕竟都可以从同一块电池取电。但是无论你是否组合这两个项目，请在部署 PIR 探测器到你的基地时都要对线缆温柔一点。如果你使用带有独股导线的线缆，请按照线缆长度将线缆固定到墙面上。噢，对了，独股线不能反复折弯。

淘到的 PIR 传感器

在这个项目中使用的 Adafruit PIR 模块是专门设计为微控制器服务的，就比如 Arduino。但是随着"僵尸末日"的到来，你很有可能发现在安保系统里面拆一个 PIR 传感器更简单一些，我在网上面用了几美元淘到了一个没有厂家商标的器件，在图 4-13 可以看到。

这个传感器不能在 5V 下正常工作，但是可以在 12V 电压下工作。它有一个逻辑电平输出，能输出 3.6V，这个电压可以标记作为 HIGH，如 Adafruit 模块一样。接线唯一的区别是要把传感器的红色导线连到 Arduino 的 V_{IN} 上而不是连在 5V 引脚上。

图4-13 为闯入警报设计的 PIR 模块

你要注意到的是其他的传感器可能跟这个看起来一样,但是输出电压却截然不同。有些(带有集电极开路输出)需要一个上拉电阻(可能是1kΩ)放在输出接口和 Arduino 的 5V 引脚之间。如果当你在传感器面前摇晃手的时候,传感器没有输出有效电压信号,证明这个传感器就需要一个上拉电阻。

其他类型的 PIR 传感器,特别是用于控制照明的传感器,具有继电器输出。这个输出能像一个开关一样工作,当运动被检测到的时候闭合。图4-14 显示了如何把这3种 PIR 模块连到 Arduino 上面。

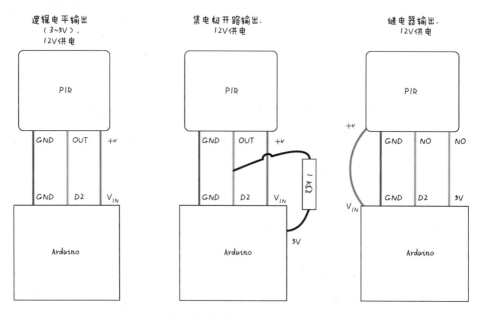

图4-14 把各种类型的 PIR 模块连接到 Arduino 上面

无论是否可能，请尽量选择有使用说明书的设备，这样你就不需要慢慢猜它的输出是怎样工作的了，也不用猜该怎么接线。

接下来的章节带你从自动探测僵尸过渡到一系列的监控项目，能够让你在它进入到你家门之前看到是谁在那里。你能够使用网络摄像头远程查看到它。

树莓派监控系统

 通过前文的实践，你已经可以探测到僵尸入侵了，若能进一步监视它们的移动就更好了。冒险加入僵尸的队伍中跟着它们行进可不是一个好主意，在你的基地里进行观察要安全得多，这样能保证你不会被它们吃掉。本章内容将会告诉你如何使用树莓派的 USB 接口和无线网络摄像头制作一个监控系统。选择树莓派是因为它作为一个单板计算机，性能足够且耗电量低，很适合本项目（见图 5-1）。

图 5-1　摄像头拍到的惊悚一幕：僵尸在对着镜头微笑和挥手

本章中的两个项目都需要你下载一些必要的软件，所以我们建议你未雨绸缪，提前安装配置好相关软件系统，而不是等到"大灾难"来临时手忙脚乱，束手无策。

关于树莓派

虽然你可以使用笔记本电脑或台式机来完成这些项目，不过过高的电能消耗会是一个棘手的问题。举例来说，笔记本电脑一般功率为 20 ~ 60W，台式机更甚。此外，你还需要一台整流器，笔记本电脑使用直流低压电作为电源，而且所需电压往往要高于 12V，所以我们之前建立的太阳电池板及电池供电系统所提供的 12V 直流电并不能满足要求。

此外，如果周围僵尸数量激增而不得不转移基地的时候，谁都不想背着一个重重的台式服务器吧！

那怎么办？一块信用卡大小的树莓派就能完美地解决上述问题。树莓派是一块小巧的单板计算机，其可以运行完整的 Linux 操作系统，足以应对普通电脑的大部分工作，而功耗不到 3W。本书使用 Raspberry Pi Model B+ 为例进行演示（见图 5-2）。如果你手里有旧型号 Raspberry Pi Model B 或者新的 Raspberry Pi，也没关系，基本设置和使用是一样的，主要是性能有些差异罢了。实际上 RPi 2 性能更强，加载网页查看监控更流畅，也因此 Model A 和 A+ 就不推荐了，其运行内存小、性能低下、实际效果不理想，谁都不想僵尸入侵的危急时刻电脑卡住吧。

树莓派可以运行简单的 Python 脚本，也可以外接各种硬件。例如，在"项目 7：使用 USB 网络摄像头监控僵尸"中，当网络摄像头检测到运动物体时，通过树莓派的 GPIO（通用输入输出接口）可以控制 LED 灯从绿色变为红色。位于电路板一侧的双排引脚就是树莓派的 GPIO 接口（见图 5-2）。

图 5-2　Raspberry Pi Model B+

树莓派系统

完整的树莓派运行环境包括 USB 键盘、鼠标和一块小 HDMI 显示屏（见图 5-3）。

键盘和鼠标比较常见，哪里都能买到。为了对僵尸入侵者进行持续监控，你需要一个显示设备，比如普通电视或者监视器，用以连接到树莓派上，不过，这里我们为了节省电力，计划使用 12V 直流电驱动的 7in（177.8 mm）大小的显示屏作为输出设备。即使这样，这套监控系统的功耗最高时也仅只有 6W。

图 5-3　一套树莓派系统

材料清单

按照本书所述使用 12V 电池为树莓派系统供电需要准备以下材料。

材　　料	说　　明	来　　源
树莓派开发板	B+ 或 2 代以上型号，需要 MicroSD 卡	各种网络商城
小型 HDMI 监视器	12V 供电，建议 800×480 及以上分辨率	
键盘、鼠标	标准键鼠即可	
HDMI 线缆	越短越好	
12V 转 USB 适配器	最小 1A 电流	
车载转 2.1mm 插孔适配器		
有源 USB 集线器		

如果你使用的是仅有两个 USB 接口的树莓派 B 型，那么你需要使用额外的有源 USB 集线器或者共用一个 USB 适配器的无线键鼠。否则有线 USB 键鼠会占用所有的 USB 接口，导

致无法连接下一节需要用到的网络摄像头了。

系统供电

树莓派从 microUSB 接口取电，所以我们使用 12V 电池的时候可以搭配 12V 转 USB 电源适配器使用。本文推荐的监视器需要搭配驱动板使用，该驱动板为监视器供电，同时通过 USB 接口连接到树莓派，监视器驱动板就是图 5-3 中间的那块，该驱动板通过 2.1mm 电源插孔供电。

使用图 5-4 所示的电源适配器，配合之前备好的汽车蓄电池，我们就可以方便地通过 USB 接口为树莓派供电了，而且同时满足"项目 8：无线僵尸监控系统"使用无线网络摄像头和路由器的供电需求。注意使用之前要检查两者的额定供电电压，虽然大多数都是 12V，但谨慎点总归没错。

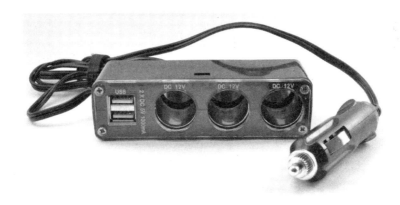

图 5-4　集成 USB 接口的 12V 直流电源适配器

警告

安装显示屏的时候要格外小心，特别是采用金属背壳的显示屏，裸露的背壳放置失当可能会导致驱动板短路从而损坏驱动板。

要将驱动板连接到汽车蓄电池，只需在一端使用直径为 2.1 mm 的插孔，在另一端使用鳄鱼夹。但是，如果你的电池连接了过多的鳄鱼夹，你可能需要将多个点烟器插座适配器连接到它上面。然后你可以使用点烟器插头将各种设备插入适配器，如第 3 章的"点烟器插座"所述。

为树莓派安装 Raspbian 操作系统

和我们常用的电脑不同，树莓派单板电脑本身没有硬盘作为存储设备，而是将操作系统、程序和数据保存在 micro SD 卡上（旧型号的树莓派使用的是常规尺寸的 SD 卡）。由于"僵尸大灾变"之后不会有网络可供使用，所以我们建议准备一个预装操作系统的 microSD 卡。事实上，"树莓派 + 预装系统的 microSD 卡"套装并不比单块树莓派贵多少，所以对于新手或者怕麻烦的用户，套装是一个不错的选择。

本文推荐的监视器通过 HDMI 线缆与树莓派连接，一般情况下树莓派可以自动检测正确的分辨率，如果你的监视器没有显示正常的分辨率，可以移步官方文档（http://www.raspberrypi.org/documentation/）中 configuration 部分，了解如何更改 config.txt 进行设置，建议你将这些内容打印出来以备不时之需。

使用预安装新手设置程序（New Out Of the Box Software, NOOBS）的 microSD 卡启动树莓派，首先可以看到可选系统列表，本书以 Raspbian 为例，所以选中 Raspbian 旁边的复选框并点击安装（INSTALL）。安装需要一段时间，利用这段时间你可以检查僵尸红外线探测器或者电池是否正常工作。一旦安装完毕，我们就可以进行下一步了。Raspbian 系统附带了一套非常全面的软件，足以满足我们的需求⊖。

项目 7：使用 USB 网络摄像头监控"僵尸"

这个项目使用一个低成本的 USB 网络摄像头，通过延长线连接到树莓派。USB 2.0 接口支持的最大可用长度约为 30m，这也是摄像头离树莓派的最远距离。

在图 5-5 中可以看到本系统的大部分设置，网络摄像头距离较远，所以我在图 5-5 中左上角用插图表示出来。自己搭建一套监控系统而不是简单地使用现成的闭路电视（CCTV）监控系统的好处之一是，你拥有对这套监控软件系统的控制权，可用根据自己的需求进行更改定制。

网络摄像头由一个简短的 Python 程序控制，该程序监视捕获的图像是否有变化。当在屏幕上检测到移动物体时，程序使用 Raspberry Pi 的 GPIO 引脚将 RGB 三色 LED 灯的颜色从绿色变为红色。你可以通过按键盘上的空格键取消警报，这将使 LED 再次变为绿色。

此项目对比"项目 6：PIR 僵尸探测器"的优点在于，警报触发之，我们可以看到僵尸的图像并了解它是否正在准备攻击你。

材料清单

想要使用网络摄像头进行了监控，除了按前文所述设置好树莓派，还需要一些额外的材料。

⊖ 新版本的 Raspbian 已经自带 Chromium 浏览器。——译者注

图 5-5　网络摄像头监控和运动告警系统

材　　料	说　　明	来　　源
USB 网络摄像头	访问 https://elinux. org/RPi_USB_Webcams 来查看设备兼容性	
USB 延长线	根据需求选购长度，不超过 30m	
Raspberry Squid LED 模块	包含 RGB 三色 LED 的就行	

虽然市面上大多数摄像头都可用，但是建议使用之前还是访问 https://elinux. org/RPi_USB_Webcams 来查看兼容性，我用的是 HP2300 网络摄像头。

注意

树莓派官方摄像头模块可以直接通过 CSI 线连接到树莓派专用接口上，这个模块非常适合做一个树莓派相机，但是由于我们的摄像头位置较远，故不适用于本项目情况。

Raspberry Squid LED 模块是树莓派专用的，包含三色 LED 以及内置限流电阻，这样就可以直接插到树莓派 GPIO 引脚上使用了。此外它的相关设计资料都是开源的（https://github. com/simonmonk/squid/），你可以根据相关细节自己制作或者直接购买该模块。在国内的话，我们也有很多类似模块可以直接使用。

开始构建项目

在完成树莓派相关系统设置之后，要构建此项目，只需要将 Raspberry Squid 连接到树莓派 GPIO 接口上，插上 USB 摄像头，为监视器提供 12V 电源，以及向 Raspberry Pi 提供 5V 电源（具体连接如图 5-6 所示）。

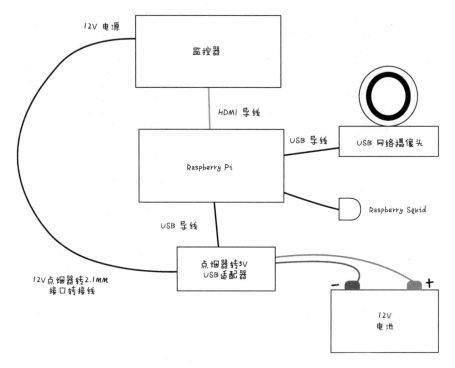

图 5-6　监控系统连接示意图

第 1 步：安装 Raspberry Squid 模块

我们知道 RGB 三原色，通过控制 Squid 模块的 3 个引脚，我们可以让它的 LED 显示任意颜色。不过本监控装置仅仅使用其显示红色和绿色，所以如果你有兴趣，可以用其他颜色代表更多事件。

为了方便识别树莓派上的 GPIO 引脚，我们可以使用 GPIO 引脚识别模板，在 Adafruit 或者其他创客商城可以买到，如果你购买现成的 Raspberry Squid 模块，则已包括识别模板。将识别模板插在树莓派上就可以分辨每个引脚的定义，接下来将 Squid 模块接到 GPIO 转接器上（见图 5-7）。

Squid 模块上的黑色线接到 Raspberry Pi 上的一个 GND 引脚。在图 5-7 中我们接到右侧第 3 针（Physical Pin 6）。红色线接到 Raspberry Pi 上的第 18 针上，而绿色线则接到 Raspberry Pi 的第 23 针上。由于我们这里不需要显示蓝色，所以蓝色引线可以不接，当然，如果希

图 5-7　将 Raspberry Squid 模块连接到 GPIO 转接器

望保持引线整洁，只需将蓝色引线连接到任何一个 GND 引脚即可。

第 2 步：安装 USB 网络摄像头

如果你已经有 USB 网络摄像头，那么在获得另一个网络摄像头之前，看看它是否适用于 Raspberry Pi。首先我们要检查 Raspberry Pi 是否可以识别摄像头，这时不需要使用 USB 延长线，在摄像头插入 USB 接口前后，于任意终端程序（如 LXTerminal）中分别执行 **lsusb** 命令，返回的结果示例如下。

```
$ lsusb
Bus 001 Device 002: ID 0424:9514 Standard Microsystems Corp.
Bus 001 Device 001: ID 1d6b:0002 Linux Foundation 2.0 root hub
Bus 001 Device 003: ID 0424:ec00 Standard Microsystems Corp.
Bus 001 Device 004: ID 03f0:e207 Hewlett-Packard
Bus 001 Device 006: ID 04d9:1603 Holtek Semiconductor, Inc. Keyboard
Bus 001 Device 005: ID 1c4f:0034 SiGma Micro
```

如果在插入摄像头后执行命令返回的结果中可以看到额外的项目，那差不多就是你的摄像头了，当然你也可以从名称中大致判断。在上面我展示的列表中，第四个就是我的 Hew-lett-Packard 网络摄像头。

如果你的网络摄像头没有出现在列表中，请尝试拔下它，将其重新插入，然后再次运行 lsusb 命令。如果还不起作用，请尝试重新启动 Raspberry Pi。

不过，能被 Raspberry Pi 识别不代表一定能正常使用。在实际过程中，你肯定会遇到各种各样的问题。你可能还会发现，只有将网络摄像头插入有源 USB 集线器时，它才能正常工作。如果你使用旧型号的 Raspberry Pi，网络摄像头插入 USB 端口时整个电路板有可能会重启。如果你的 Raspberry Pi 属于这种情况，请在 Raspberry Pi 电源关闭时插入网络摄像头，然后再启动。

第 3 步：安装相关软件

使用网线将 Raspberry Pi 连接到路由器上，配置好网络（一般会自动设置好）之后下载本书提供的程序。从树莓派上打开浏览器，访问 https://github.com/simonmonk/zombies/，然后下载其中的 Raspberry Pi 目录。本项目将使用 usb_webcam 目录中的代码。当然，使用 Git 命令直接复制相关代码更加方便，具体可以参考下面"从 github 获取源代码"相关内容。

主程序 monitor.py 和它需要完成的任务一样简洁高效，它由 Python 编程语言写成，这里我会简要介绍相关代码，但不会赘述 Python 的基本概念，如果你不熟悉 Python，可以参考我写的另一本书 *Programming the Raspberry Pi：Getting Started with Python*（McGraw-Hill，2013）。

从 github 获取源代码

我们可以通过 git 命令复制本书 github 仓库，以此获取本书使用的相关程序，方法也很简单，只需要打开终端窗口并输入以下命令：

```
$ cd /home/pi
$ git clone https://github.com/simonmonk/zombies.git
```

上述命令将全获取本书使用的所有代码，包括后面项目使用的 Arduino 程序代码，虽然这种方法不需要网页浏览器，但是仍然需要网络连接才能使命令正常工作，所以务必在大断网之前提前下载好代码。

该程序首先导入它需要的各种 Python 模块。Raspbian 操作系统包含这些库，所以不需要单独安装它们。

```
import sys
import time
import pygame
import pygame.camera
import RPi.GPIO as GPIO
```

sys 和 time 模块可以访问操作系统资源并实现延时功能；pygame 模块包含 Pygame 图形游戏库，我们会用到其中的相机控制界面。RPi.GPIO 库则提供 GPIO 引脚的访问功能，以此才能控制 LED 灯。

接下来，程序定义了它将使用的一些常量。如果你想以不同的分辨率使用相机或者改变窗口的默认大小，你可以更改相关参数。

```
camera_res = (320, 240)
window_size = (640, 480)
red_pin = 18
green_pin = 23
```

camera_res 和 window_res 常量后括号中的参数分别是宽度和高度（以像素为单位）。在定义常量之后，需要初始化 Pygame 系统（用于显示摄像头获取的图像）、摄像头以及用于控制 Squid 模块的 GPIO 引脚。

```
❶ pygame.init()
  pygame.camera.init()

  # 初始化 GPIO
❷ GPIO.setmode(GPIO.BCM)
  GPIO.setup(red_pin, GPIO.OUT)
  GPIO.setup(green_pin, GPIO.OUT)

❸ screen = pygame.display.set_mode(window_size, 0)

  # 查找、打开并启动摄像头
❹ cam_list = pygame.camera.list_cameras()
  webcam = pygame.camera.Camera(cam_list[0], camera_res)
  webcam.start()
❺ old_image = False
```

前两行初始化代码❶处理 Pygame 和摄像头，接下来的 3 行❷初始化使用的 GPIO 引脚。然后❸将屏幕初始化为 window_size 中指定的窗口大小。最后代码❹首先找到连接到 Raspberry Pi 的所有摄像头，然后创建指向第一个摄像机的链接（网络摄像头），最后启动网络摄像头。最后一行❺定义了一个名为 old_image 的变量，该变量用于通过发现网络摄像头连续帧中的变化来检测运动物体。

初始化完成后，该程序定义的第一个函数名为 check_for_movement。

```
def check_for_movement(old_image, new_image):
    global c
    diff_image = pygame.PixelArray(new_image)
      .compare(pygame.PixelArray(old_image), distance=0.5,
      weights=(0.299, 0.587, 0.114))

    ys = range(0, camera_res[1] / 20)
    for x in range(0, camera_res[0] / 20):
        for y in ys:
            if diff_image[x*20, y*20] > 0:
                return True
    return False
```

顾名思义，check_for_movement 函数需要两幅图像作为传入变量，前一幅称为 old_image，最新一幅称为 new_image，并对它们进行比较。distance 参数代表前一幅图中的某一像素的颜色与新一幅图中同一像素的颜色，weights 参数在 pygame 文档中并没有详细解释，这里使用的值是从 PixelArray 的 pygame 文档中的示例中获取的（http://www. pygame. org/docs/ref/pixelarray. html）。

对比结果会生成一个名为 diff_image 的新图像，该图像仅在两个图像中的像素之间发现差异的像素点填充白色。

为了确定是否发生了移动，程序应该真正遍历 diff_image 中的每个像素。但是任何较大的运动都会导致大量像素发生变化，由于僵尸很大，因此代码为了提高运行速度，将从 20 个像素中采样 1 个像素。

接下来的两个函数将 Raspberry Squid 模块的 LED 设置为红色或绿色。

```
def led_red():
    GPIO.output(red_pin, True)
    GPIO.output(green_pin, False)

def led_green():
    GPIO.output(red_pin, False)
    GPIO.output(green_pin, True)
```

Raspberry Squid 模块和大多数 RGB LED 一样，可以通过在 LED 连接的 GPIO 引脚上输出高（True）和低（False）的某些组合来设置其发光的颜色。在这里，我们用到红色和绿色，因此代码只将相应的引脚设置为 True，将另一个设置为 False。蓝色这里用不到，因此无须在代码中处理它。

最后，是程序的主循环，在其中获取和缩放新图像，以便它可以在窗口中显示。

```
count = 0
led_green()
while True:
    count = count + 1
    new_image = webcam.get_image()
    # 首次运行时初始化 old_image 变量
    if not old_image:
        old_image = new_image
    scaled_image = pygame.transform.scale(new_image, window_size)
    # 每次仅检查10帧图像
    if count == 10 :
        if check_for_movement(old_image, new_image):
            led_red()
        count = 0
        old_image = new_image
        screen.blit(scaled_image, (0, 0))
        pygame.display.update()
```

count 变量追踪记录循环运行的次数。当计数达到 10 时，比较最后两个图像，这也是为了加速程序运行，否则会耗时太久。当检测到移动时，check_for_movement 函数返回 True，同时 LED 变为红色。

主循环的最后一部分监听关闭窗口事件，当窗口关闭时会停止程序。

```
# 监听事件
for event in pygame.event.get():
    if event.type == pygame.QUIT:
        webcam.stop()
        pygame.quit()
        sys.exit()
    if event.type == pygame.KEYDOWN:
        print(event.key)
        if event.key ==  32:   # 空格
            led_green()
# time.sleep(1.0)
```

同时还会捕获任何按键事件（KEYDOWN）并显示按下的按键，如果按下空格键，会使 LED 复位设置为绿色。

使用网络摄像头

想要启动网络摄像头，请通过 Raspberry Pi 中的终端窗口输入以下命令执行 monitor.py 主程序，正常情况下系统会打开一个窗口，显示网络摄像头捕获的图像（见图 5-8）。

```
$ cd "/home/pi/zombies/Raspberry Pi/usb_webcam"
$ sudo python monitor.py
```

图 5-8　网络摄像头捕获的图像

这时，Raspberry Squid 模块的 LED 应为绿色。要测试移动检测功能，请在网络摄像头前挥一挥手，此时 LED 应该变为红色并保持常亮，直到按下 Raspberry Pi 键盘上的空格键复位。当所有功能在树莓派上都测试正常后，我们就可以使用 USB 延长线将摄像头放得更远。我们建议将摄像头放在俯瞰基地入口的地方，然后你就可以知道外面何时可以出去了。

如果摄像头离 Raspberry Pi 太远，信号会受到干扰或衰减，导致无法工作，一般延长线不超过 30m。

项目 8：无线"僵尸"监控系统

"大灾变"之后人们将无法连接互联网，但我们仍然可以搭建无线局域网络并连接 Wi-Fi 网络摄像头。这个项目使用低价无线网络摄像头（见图 5-9），通过它我们可以在更远的距离监控僵尸，从而提高安全性。

一旦我们设置好本地网络和摄像头之后，既可以从 Raspberry Pi 上的浏览器（见图 5-10）查看摄像头捕获的视频，也可以从具备 Wi-Fi 功能的平板电脑、智能手机等查看。此外，如果购买特定类型的网络摄像头，还可以使用软件来改变网络摄像头指向的方向。

所谓有得必有失，无线网络将使用较多的电力。无线路由器和 Wi-Fi 网络摄像头消耗功率均为 5～10W，因此在需要使用的时候才打开它们会是一个好主意。

图 5-9 低成本 Wi-Fi 网络摄像头

请注意，尽管这次的项目中没用到，在图 5-8 中的 Raspberry Pi 仍然安装了 Raspberry Squid，事实上，保持项目 7 的硬件连接，我们就可以从两个摄像头监控僵尸了。

图 5-10 在 Raspberry Pi 上使用 Wi-Fi 网络摄像头

材料清单

要设置 Wi-Fi 网络摄像头，除了本章前面的"树莓派系统"中提到的材料，还需要以下材料。

材　　料	说　　明	来　　源
无线摄像头	最好是购买能旋转的型号（约 50 美元）	电脑城、网购
无线路由器	低端产品即可（约 20 美元），使用 12V 以上供电	电脑城、网购
网线 2 根	任意长度	
12V 适配器转接线 2 根	2.1mm 接口转点烟器适配器	汽车用品店

　　可供选择的无线摄像头型号很多，价格也不尽相同，我选择的是低端产品，虽然成像不是非常出色，但是足够找出僵尸了。

　　无线路由器使用普通的家用路由器就行了，大多数有互联网接入的家庭都能找到这东西，我猜你家里某角落里也能找到一台。无线路由器主要有两个功能，一是将家里各种设备连接到互联网（当然大灾变之后互联网就不复存在了）；二是建立局域网络（Local Area Network，LAN），可供有线和无线设备连接互访。我们这里使用无线路由器的第二个功能。

开始构建项目

　　本项目使用现成的部件，因此并不需要对电子电路有了解，我们要做的仅仅是把各个部件连接起来（见图 5-11）。

　　平板电脑或智能手机连接到无线局域网（见图 5-11）并不是必需的，但它让你可以从移动设备上查看网络摄像头摄录的图像，就和 Raspberry Pi 屏幕上显示的一样。

第 1 步：配置局域网

　　由于此网络无法连接到互联网，因此我们只需要一台路由器。这意味着即使你有调制解调器-路由器组合设备，也不需要将其连接到电话线或光纤上。

　　路由器允许设备以有线或者无线两种方式连接到它。我们将使用网线连接 Raspberry Pi，因为有线连接比无线连接更可靠，耗电更少。将 Raspberry Pi 通过网线插入路由器的 LAN 接口后，树莓派默认使用动态主机配置协议（Dynamic Host Configuration Protocol，DHCP）自动加入网络，因此你无须进行设置。但是我们可能需要对路由器的 Wi-Fi 网络进行一些设置。这需要我们访问路由器的配置页面，此页面的 IP 地址通常为 192.168.1.1，当然也有例外，比如我的这个，它的地址是 192.168.1.254。所以请翻阅路由器说明书，或者去路由器背面的贴纸上找找看。当我们知道路由器管理页面的地址后，请打开浏览器并在浏览器的地址栏中键入该地址。

　　路由器管理界面中应该能找到诸如无线网络、WLAN 或 Wi-Fi 设置之类的标签页面。找到此页面并设置无线网络名称（也称为 ESSID）和密码（见图 5-12）。

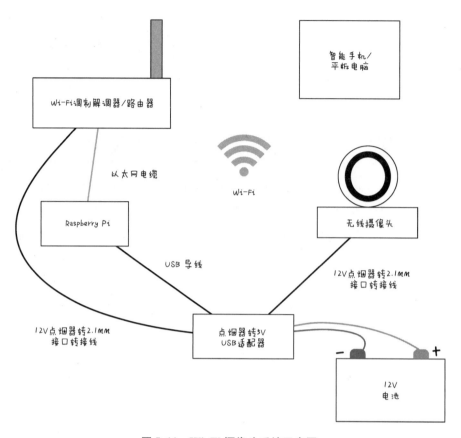

图 5-11　Wi-Fi 摄像头系统示意图

　　将无线网络名称设置为"大灾变幸存者"（Apocalypse Survivors）之类的可以方便其他幸存者或搜救队找到你，幸存者团队总能从极客技术中受益。

第 2 步：设置 Wi-Fi 摄像头

　　如果不知道密码和网络名称，Wi-Fi 摄像头将无法连接到无线网络。要提供上述信息，我们需要先从浏览器连接到它，而连接到它需要先设置网络，好吧听起来好像是个死循环，好在我们可以通过网线将 Wi-Fi 摄像头连接到路由器，以此解决这个头疼的问题。有线网络连接不需要密码，一般摄像头像 Raspberry Pi 一样使用 DHCP 连接到网络。完成设置后，我们就可以拔掉网线，此后 Wi-Fi 摄像头就自由自在，不受网线的束缚了！不禁想起 Intel 迅驰平台的宣传口号"无线你的无限"，哈哈，一不小心暴露年龄了。

　　将 Wi-Fi 摄像头连接到路由器之后，返回路由器管理页面，在这里可以查找摄像头的 IP 地址，以便进行配置。涉及的设置页面一般叫作 DHCP 列表或者 ARP 列表之类的。图 5-13 显示了我的路由器上的 ARP 列表。

　　第一次摄像头通过有线连接（Wired）到路由器，因此摄像头的 IP 地址为 192.168.1.102

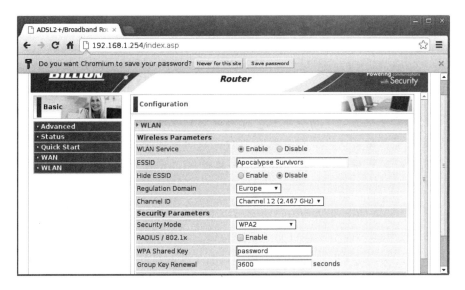

图 5-12　配置无线网络

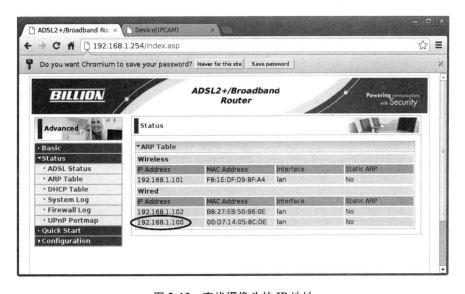

图 5-13　查找摄像头的 IP 地址

或 192.168.1.100。而其中一个 IP 地址属于 Raspberry Pi，那么如何确定呢？这里通过在树莓派的终端窗口中输入 ifconfig 命令找出树莓派的 IP 地址，回头核对路由器中显示的地址，就可以知道谁是谁了。

我的 Raspberry Pi 的 IP 地址为 192.168.1.102，因此通过上述排除法，我的摄像头的 IP 地址为 192.168.1.100。在浏览器上启动一个新选项卡并打开该 IP 地址，在地址中的最后一个数字后添加":99"，即 192.168.1.100:99，额外的端口号指定网络摄像头的访问端口，在大多数情况下，该端口号为 99，但如果你使用的是其他摄像头，请查阅其说明书，以防它使用不用的端口。

注意

任何 IP 地址都可以有这样的端口号，不同类型的网络流量使用不同的端口。例如，大多数 Web 网页流量使用端口 80，这是默认端口，所以可以省略，实际上 www.baidu.com 和 www.baidu.com:80 是一样的。网络摄像头使用端口 99，不属于默认端口，因此必须在 URL 中指定。

正常情况下，输入网络摄像头访问地址后浏览器会立即显示来自摄像头的图像以及用于平移和旋转摄像头的控制面板。在页面的某个位置，应该看到设置按钮或链接。单击并在随后的页面中查找无线局域网设置，在其中找到扫描无线网络的选项（见图 5-14）。

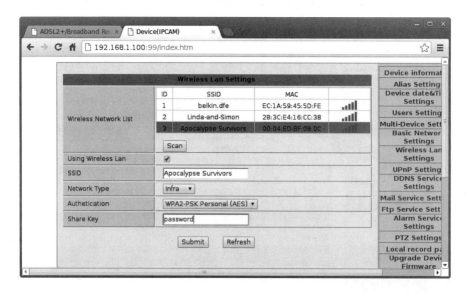

图 5-14　将摄像头连接到无线局域网络

选择你的无线网络（比如 Apocalypse Survivors），输入密码（也称为共享密钥，Share Key），然后单击"提交"。摄像头将会重启，此时我们可以拔掉网线，因为重启之后摄像头就可以使用无线网络了。

一旦摄像头切换到无线连接，它会从路由器那获取一个新的 IP 地址，该 IP 地址同样可以在路由器管理界面里看到（见图 5-13）。这次出现在无线网络连接设备列表里的就是摄像头啦，通过这个新的 IP 地址加上端口号 99 就可以和刚才一样查看摄像头图像并进行控制了（见图 5-15）。

图 5-15　无线摄像头捕捉到的影像

使用 DHCP 分配 IP 的一个问题在于，路由器重启后可能会为设备分配一个不同的 IP 地址。为了避免这种情况，我们可以在路由器的 DHCP 服务器设置界面里将 IP 地址保留时间设置为最大，通过这样设置，一旦某个 IP 地址被分配给设备后，一般在很长一段时间内不会变更了，有多久呢？大概人类文明重新建立起来之后吧。

使用无线摄像头

当所有东西设置妥当之后，打开浏览器访问上述地址就可以实时看到摄像头捕捉到的图像了。多数网络摄像头管理软件可以设置多路监控，从而在一个屏幕上同时查看多个摄像头的图像，这样的话，我们就可以同时查看基地入口、电力供应设备、安装好的僵尸陷阱的情况，以及判断是否有其他幸存者穿过街道。

此外还可以使用平板电脑或智能手机上的浏览器访问摄像头，摄像头厂家一般会提供配套手机软件，它的功能会比浏览器更强大，例如我购买的摄像头的随机软件提供运动物体监测报警功能。这可以在查看避难所的某个区域的同时帮助我们通过移动设备了解其他区域的情况。

在下一章中，我们将学习如何控制电子门锁。通过那个项目，我们就可以远程打开门锁从而更快地进入基地。此外，我们还可以在门锁打开之后收到通知，以免僵尸冲进你的基地。

远程门锁控制系统

"大灾变"后，对基地入口进行严格的访问控制十分关键，设想一下，你被一群饥饿的僵尸所追赶，千辛万苦到了基地门口，只有进入基地才能活着看到明天的太阳，要是这时你找出钥匙，对准锁孔，打开大门，等这一切忙完，估计也就可以和这个世界说再见了。而如果我们可以在快到门前的时候大门自动打开，那么生还概率将会大大增加。本章的内容就是帮你建立这样一个远程门锁控制系统，可以不用跑到门前去控制门锁，避免可能的僵尸接触。毕竟不管敲门声多么有礼貌（见图6-1），查看监控系统前你都不知道他们是幸存者还是僵尸。

本章的第一个项目可以让你不再受制于钥匙，通过按下按钮或遥控器就能打开大门。另一个项目使用干簧管监测门何时被打开，然后使用"项目4：电池监测器"和"项目6：PIR僵尸探测器"中使用的 Arduino 发出警报信息。

图6-1 "大灾变"后的访问控制

项目9：远程控制门锁

首先，我们改造一下，以便让我们更轻松地达到基地的安全区域。使用电动门锁，通过按下按钮就能打开门，可以避免钥匙发出较大声音，要知道这些声音可能会吸引附近的僵尸。本项目使用12V电压锁具，并且电动门锁可与现有门锁配合使用，我们可以通过更换锁口将其安装到现有门上，如图6-2所示。注意中间的锁舌由电磁铁控制。

本项目的第一部分将构建一个简单的电动门锁：按下按钮打开门锁（见图6-3），只要按住按钮，门就会保持打开状态。如果有其他幸存者和你住在一起，该按钮应该放置在你的基地内，以便让其他人进去。但是，如果你是独自一人，你可能需要把它放在基地的门外面，并把按钮放在高处以防止被僵尸意外打开。

本项目可选的第二部分允许你使用射频（RF）远程模块（无线遥控器）来解锁（见图6-4）。遥控门可以挽救你的生命，让你奔向锁着的门，在到达之前将其解锁，然后进门之后给那些追逐的僵尸一个大大的闭门羹。

图6-2　电动门锁

图6-3　门控按钮

图6-4　无线遥控器

材料清单

本项目需要以下材料和工具。

材 料	说 明	来 源
电钻和木头钻头	根据门锁的宽度可能需要大致 12mm 的钻头	五金店
锤子	准备两把以便防身	五金店
凿子		五金店
电动门锁	直流 12V 供电	五金店或网店
熔丝	10A 熔丝和底座	汽车配件店
按钮		电子商城
按钮盒		五金店或网店
接线端子	一个 3 个端子，一个 2 个端子的，都是 2A	
双芯线	电铃线或扬声器线	五金店
RF 遥控开关（可选）	单通道射频控制的 12V 继电器和遥控器	网店

这个项目需要一些木工工具。你将需要使用电钻和木头钻头、锤子和凿子来制作一个凹槽，以适应新的门闩，它通常比普通的门闩更大。

要在"大灾变"之后找到门锁，你需要去专门的市场找找看。这时候也许电话簿仍然有用！找到离你最近的商店，小心翼翼地去那里，找到电动门锁，然后带回基地。毕竟，如果你在回家之前就变成僵尸了，你将不记得手上拿着这锁具干啥。

几乎所有双芯线都可以正常工作，电铃线或扬声器线是理想的选择。

开始构建项目

图 6-5 展示了该项目的原理示意图。正常情况下门是锁上的，当接线端子通电之后，电磁铁控制锁舌，门就打开了。

这套系统非常适合阻挡外面的僵尸，但是如果发生火灾或电路损坏，情况就非常糟糕了：门会一直锁着！

为此，你安装此类锁具的任何门也应保留其原始锁具，这样在紧急情况下你可以通过手动拧动门锁从内部打开它。确保你可以轻松离开并不是一件坏事，毕竟，"大灾变"后无论你使用何种加热或烹饪设备，都有可能导致意想不到的火灾。

第 1 步：制作开关盒

无论按钮位于基地的外面还是里面，我们都希望能尽快找到它并按下开门按钮，因此，如果按钮周围都是乱糟糟一团，线缆横飞，那么关键时刻可能会让我们处于危险之中。因

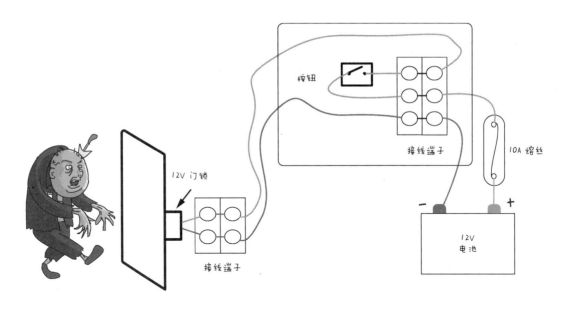

图 6-5　电动门锁的示意图

此，我们想把它放在一个墙上显眼的位置，用盒子装起来。把救命的按钮放在又高又乱的电线堆里可不行。你需要它易于使用，所以只需将它放在墙上的盒子里。

注意

如果你计划为门锁添加无线控制功能，那么就需要选择一个足够大的可以容纳远程中继接收器的盒子，尝试将所有硬件放在盒子里以测试它的大小是否合适。

除非你很幸运手头有现成的开关盒，否则你就需要自己动手做一个。确保盖子上有一个大小足以安装开关按钮的孔，以及预留电动锁具和电池线的进出孔。要么找到一个有合适孔径的盒子，要么就得自己动手打孔。打孔的时候记得在盒子的底部钻几个孔，以便用螺钉将它固定在墙上。图 6-6 是做好的按钮盒示意图。

将开关引线穿过盒盖上的孔，并将开关的两个端子连接到接线座，这样可以使整体走线更合理整洁。开关按钮的两根引线转到端子的中间和顶部位置，以匹配图 6-5 所示的原理图。

第 2 步：制作电池导线

为了给项目供电，我们需要导线将设备连接到汽车蓄电池。图 6-7 中所示的导线和熔丝与"项目 3：LED 照明灯"中使用的材料相同，因此如果你需要相关操作的详细信息，请查看上述项目。

图 6-6　按钮开关盒（请注意前方侧面上的
　　两个孔，它们用于电池和锁具线进出）

图 6-7　制作好的电池导线

第 3 步：安装电动门锁

本项目中使用的电动门锁被设计用于安装在木质门框上。如果你有不同类型的门，请搜索其他 12V 电动门锁型号。请务必注意：依靠电磁铁来吸住锁舌的电动锁无法保证你的基地安全，原因在于这种锁需要持续供电以保持锁定状态，这意味着如果电池电力耗尽，你的门会打开，而周围的僵尸会肆意涌入。

要安装电动锁，请将旧锁板更换为电动锁板。门框上需要一个相当大的孔来容纳电动锁的主体，根据情况钻出合适的孔，即像图 6-8 所示那样。

a)

b)

图 6-8　a）锁孔　b）安装好的锁具

图 6-8a 展示了锁孔，记得在侧面钻一个孔，电动锁的导线从这里通过并引到门内。

图6-8b显示了电动锁安装好之后的样子。当电动锁通电时，锁的右边缘释放。

第4步：布线

将第2步中制作的电池导线的末端穿过第1步中添加到按钮盒侧面的一个孔。接下来，将电池正极接线连接到三通接线端子的中间位置，并将负极接线连接到底部位置。

除非你正在门旁安装按钮，否则将两根电线从门闩延伸到合理的长度，方法是将闩锁的短线连接到带有双向接线盒的较长电线。然后，将门闩的长线穿过开关盒背面的孔，并将其连接到螺钉端子的顶部和底部位置，如图6-5所示。当盒子内的接线完成后，它应该如图6-9所示那样。

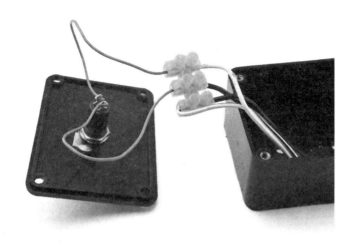

图6-9 接线盒

右侧的浅色线用于门锁，深色线是电池引线。在关闭它之前，只需检查按下按钮是否释放门锁，并整理盒子中的接线。最后，将门锁的导线固定在墙上，这样就不会有绊倒的危险，现在你已经完成项目了！

当然，如果你可以从远处打开门锁，你的安全避风港将更加便利，所以让我们添加一个遥控器。

为电动锁添加无线功能来进一步节省时间

安装好由按钮控制的电动锁基本就够用了，但是你可能会觉得这样还是不够快。当你出门巡逻之后，带着一大包物资往家跑，而身后有一群僵尸追着你，这时你可能希望有个无线控制的门，能在你没到跟前时就提前打开。

为了实现远程控制锁具的功能，我们可以借助 RF 无线遥控继电器。继电器将与按钮并联，因此不管是按下按钮或还是使用遥控器，都可以将门打开。

图6-10 显示了该项目的接线图，添加了无线模块的接法。

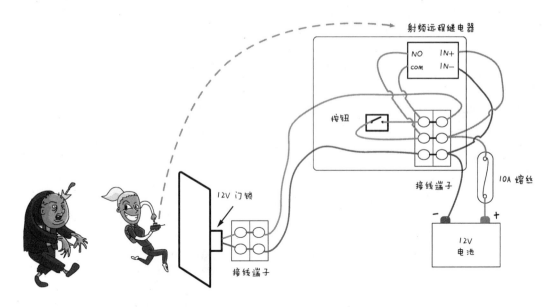

图 6-10 远程控制的电动锁示意图

按钮线与继电器对应，一根连接端子座上的 NO（常开），一根接到 COM（公共）座上。RF 继电器模块需要从接线盒连接到电池负极，另一根通过熔丝连接到电池正极。图 6-11 显示了继电器如何装入前一个项目的盒子里。

图 6-11 在按钮盒中安装无线继电器

按照图 6-10 中的示意图安装好无线继电器，然后你外出寻找食物、物资或消灭落单的僵尸时记得随身携带无线遥控器。另外建议带着备用的遥控器，至少也要带块备用电池，小心驶得万年船。当然，真正的钥匙最好也要随身携带，作为最后的救命稻草。

项目 10：大门传感器

虽然本章的第一个项目可以保证你和家人的安全，但接下来的第二个项目会在不速之客到来时及时提醒你。当一个游荡的僵尸或是其他幸存者想要打开通往基地的大门时，传感器都会及时报警，并帮你了解周边的情况以便保卫家园或者躲起来。

该项目使用干簧管检测门何时打开，并激活 Arduino 发送消息（如果你从未使用过干簧管，请查看下面的详细介绍），这块 Arduino 也同时监测电池情况并使用 PIR 传感器监视僵尸。

干 簧 管

在这个项目中使用的传感器叫作干簧管。其由一对封闭在密封玻璃外壳内的薄钢触点制成。这个外壳通常由带有螺孔的塑料盒进一步保护，用于将其固定到门或窗框上。

如图 6-12 所示，在没有磁铁的情况下，触点稍微分开，但是当磁铁靠近时，两个触点被按在一起，并形成电路连接。

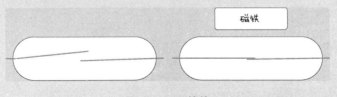

图 6-12 干簧管

由于簧片开关是密封的，因此可靠性很高。出于这个原因，它们经常用于安全应用中，其中磁铁嵌在门上，干簧管装到门框上。当门打开时，磁铁移出簧片继电器的范围，电路断开。

材料清单

我们会用到"项目 4：电池监测器"中使用的 Arduino 和 screwshield 扩展板，此外还会用到一些额外的材料，如下所列。

材　　料	说　　明	来　　源
干簧管和配套磁铁	"大灾变"后，在任意拥有报警器的家庭里应该都能找到	网上商城
双芯线	可以用扬声器电线	五金店
接线端子	2 路 2A 端子座	
Adruino	Arduino Uno R3	网上商城
Arduino screwshield 扩展板	screwshield 扩展板	Adafruit、Seeed、网上商城

干簧管离 Arduino 的距离比较远，其自带的连接线可能不够长，因此我们需要使用延长线。将双芯线用焊料将导线连接在一起（参见附录 B 的"用焊锡连接电线"）或将它们连接到双向接线端子上并固定。

开始构建项目

图 6-13 展示如何连接干簧管和 screwshield 扩展板。这里需要"项目 4：电池监测器"中的蜂鸣器，如果还想监视电池电压的话还会需要相应电阻。

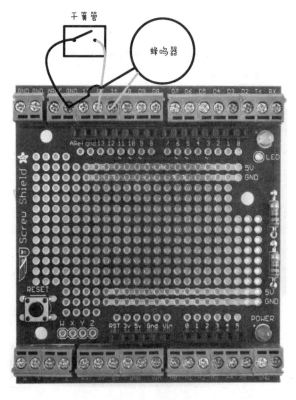

图 6-13 干簧管接线图

将干簧管接到 screwshield 扩展板的 D12 和 GND 端子（哪一边都可以），将蜂鸣器的正极接到 D11 端子，将蜂鸣器的负极引线连接到 GND 端子。请注意，蜂鸣器的负极和干簧管连到同一个 GND 端子。图 6-14 显示了已完成的项目，可以看到项目 4 中使用的电阻器。

图 6-14　完成的大门传感器

图 6-14 底部的鳄鱼夹连接电池，如项目 4 所述。硬件部分准备就绪之后，让我们看看软件代码部分。

程序

本书的所有源代码均可在 https://github. com/simonmonk/zombies/ 上在线获取。（有关程序安装的说明，请参阅附录 C 的 "安装 Antizombie 程序"）。如果你只想实践本项目，而不使用我们基于 Arduino 的其他项目，请使用名为 Project_10_Door_Sensor 的程序代码。反之，如果你已经完成了一个或多个前述的 Arduino 项目，那么使用 All_Sensors 程序代码，并更改顶部的常量以适配本次所做的项目。有关要进行的更改的说明，请参阅 All_Sensors 代码中的注释部分。

代码遵循与项目 4 相同的模式，因此有关程序整体如何工作的更多信息，请参阅第 3 章的 "程序" 小节。这里，我将仅描述该项目的特定代码。

首先，为 Arduino 引脚定义一个新的常量，它将作为干簧管的输入。

```
const int doorPin = 12;
```

设置功能中有一行新代码用于初始化新定义的 doorPin（Arduino 上的引脚 12）作为输入。

```
pinMode(doorPin, INPUT_PULLUP);
```

输入类型指定为 INPUT_PULLUP，因此默认情况下输入引脚为高电平，而当磁铁接近干簧管时，输入引脚为低电平。循环函数现在还调用一个名为 checkDoor 的函数，该函数用来监视门是否被打开。

```
void checkDoor()
{
  if (digitalRead(doorPin))
  {
    warn("DOOR");
  }
}
```

该 checkDoor 函数首先读取 doorPin 数值。如果读取的结果为 HIGH，则磁体离干簧管较远，无法维持开关闭合，并且输入处于其默认状态 HIGH。由于磁铁不在干簧管旁边，门处于打开状态。

如果你只想知道门已经打开，则不需要连续报警，因此 checkDoor 会调用 warn 函数（传递 "DOOR"）而不是用于电池监视器的声音警报。

```
    void warn(char message[])
    {
      lcd.setCursor(0, 1);
      lcd.print(message);
      delay(100);
      lcd.setCursor(0, 1);
      lcd.print("         ");
      if (!mute)
      {
        tone(buzzerPin, 1000);
❶       delay(100);
        noTone(buzzerPin);
      }
      delay(100);
    }
```

warn 函数的作用类似 alert 函数，它需要一条字符串信息作为参数，输出该字符串到 LCD，并发出声音。不同之处在于，仅在 0.1s❶延迟后，noTone 函数就会关闭蜂鸣器提醒，当门打开时只发出一声短促的哔声。

使用大门传感器

建议你在工作台上充分测试之后再进行安装，尤其对于这种性命攸关的设备，如果这个大门传感器发生故障，你可能会在睡梦中就变成了僵尸！首先，将程序代码编译上传到 Arduino

上，然后将干簧管和磁铁对齐在一起，当你将它们分开时，蜂鸣器会停止发声。

一旦你确定一切正常，就可以将干簧管固定在门框上，磁铁固定在门上。磁铁和干簧管应该彼此相对但不要接触。最好是将磁铁放在门上而不是门框上，因为门框不会移动从而防止电线弯折，这会缩短它们的寿命。图 6-15 显示了安装在门上的干簧管和磁铁。

图 6-15　安装好的干簧管和磁铁

请注意，干簧管和磁铁通常背面都配有黏合剂，以便将它们粘在门上；同时上面的孔可以用螺钉固定到门上，我没有使用螺钉固定，这样方便取下来。但是，这样撕下来的时候黏合剂可能会搞坏油漆，当然除非你在"大灾变"之后仍然关心家居装饰，否则活命才是最重要的。

安装好新的监视装置后，我们就可以采取下一步措施，更进一步保证基地的安全。在第 7 章中，将把烟雾和温度报警器连接到已大展拳脚的 Arduino 上，它们会保护我们免受可能发生的自然灾害的影响，即使外面的僵尸已经够我们绝望的了。

环境监测

 　　僵尸非常可怕。但是它们不是"世界末日"之后唯一威胁。如果你必须躲在自家院子里无法离开，那么火灾等普通的危险，也是很严重的威胁（见图7-1）。在本章中，我将教你如何制作一套火灾和温度报警器，它可以在危险发生时及时提醒你，而不会惊动僵尸。

图7-1　严禁吸烟

项目 11：安静的火灾报警器

一般情况下，你或许会希望附近的火灾报警器越响越好。但是这种火灾报警器有一个问题：它们的音量足以惊动僵尸。当你逃离一个着火的建筑时，你一定不想引起附近僵尸的注意吧？

在这个项目中，我们要改造一个由电池供电的普通烟雾报警器，让它在 Arduino 的显示屏上显示报警信息，并且通过一个安静很多的小蜂鸣器发出警报声。图 7-2 展示的是连接在 screwshield 扩展板上的烟雾报警器。

图 7-2　火灾报警器成品测试中。在你的基地中，
烟雾报警器和 Arduino 之间需要用长导线连接

材料清单

要完成这个项目，你需要准备在"项目 4：电池监测器"中使用过的 Arduino 和 screwshield 扩展板。此外你还需要以下材料。

材　　料	说　　明	来　　源
烟雾报警器	由电池供电的型号	电子市场、超市
导线	两根线芯，长度足够从烟雾探测器连接到 Arduino	多余的扬声器线或电铃线即可
D1	1N4001 二极管	Adafruit（755）、淘宝

材　　料	说　　明	来　　源
R1	1kΩ 电阻	Mouser（293-1K-RC）、淘宝
LED1	蓝色或白色 LED	Adafruit（301）、淘宝
C1	100μF 电容	Adafruit（753）、淘宝
硬质线芯导线	5cm 长	旧电器、Adafruit（1311）、淘宝

一定要用我推荐颜色的 LED。我建议使用蓝色或白色，不仅仅是因为它们看起来酷。一个重要原因是，要想让这个项目中的电路工作，LED 需要具有至少 2V 的正向压降。红色和绿色 LED 的正向压降通常为 1.7V，而蓝色和白色 LED 的正向压降高很多（大约 3V），所以适合用在我们的电路中。

开始构建项目

要使烟雾报警器和 Arduino 能够通信，而且自身不发出声音，你需要从烟雾报警器的电路板上断开其自带的蜂鸣器的连接，然后将原本进入蜂鸣器的信号转换成 Arduino 可以使用的信号。要实现这种信号转换，你需要使用图 7-3 所示的电路。

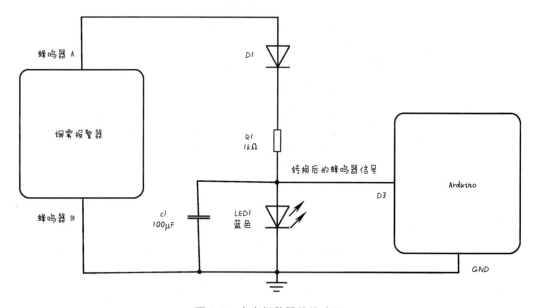

图 7-3　火灾报警器的线路图

常见的烟雾报警器的声音非常响亮，因为里面的蜂鸣器是用一个小小的 9V 电池可以提供的最高电压来驱动的。这意味着，在大多数常见的报警器中，蜂鸣器上的信号看起来类似于图 7-4 左侧的图。

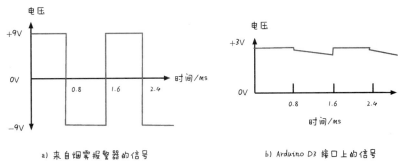

a) 来自烟雾报警器的信号

b) Arduino D3 接口上的信号

图 7-4 "驯服"蜂鸣器信号比"驯服"僵尸要容易得多

烟雾报警器自带的蜂鸣器由方波交流电驱动,其两端的电压在 +9V 和-9V 之间来回变化,大约每秒变化 600 次。这个会导致一个压电器件不断交替膨胀和收缩,进而产生哔哔声。但是这种幅度的电压摆动对于 Arduino 来说太疯狂了,因为超过 5V 或者小于 0V 的电压,都有可能会损坏 Arduino。

在我们的转换电路中,电压首先经过二极管 D1。这个二极管彻底防止了小于0V 的负电压进入电路的其他部分(二极管只允许电流单向通过)。电路中的电阻会限制流过 LED 的电流,从而将 LED 两端的电压限制在 3V 以内。电容能够消除电压尖峰,使电压信号像图 7-4 中的那样平滑。

第 1 步:断开蜂鸣器的连接

首先把烟雾报警器拆开。当你打开盖子时,你应该会看到一个印制电路板(PCB)和一些导线(见图 7-5)。

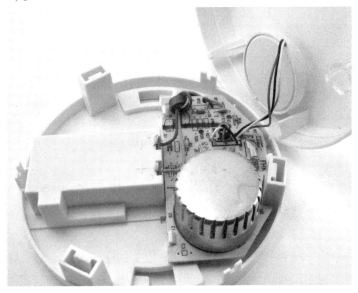

图 7-5 烟雾报警器的内部结构

在这个烟雾报警器中，从 PCB 连接到外壳的三条导线就是蜂鸣器导线。现在，把这些线剪断。但是剪的位置不要太靠近蜂鸣器。在"大灾难"期间，资源是有限的，我们说不定以后还会用到这个蜂鸣器。

注意

你可以用从烟雾报警器上拆下来的蜂鸣器来制作"项目 16：Arduino 动作和声音干扰器"。如果你曾在近处听过这种烟雾报警器的响声，你一定知道这个声音有多么引人注意！

你的蜂鸣器可能有两条导线或三条导线。如果有三条，请按照第 2 步确定哪个是哪个。如果它只有两条，那么这些就是你要连接的条线，你可以跳过第 2 步。

第 2 步：辨别导线

如果你的蜂鸣器有三条导线，说明你的烟雾报警器使用一种名为**自激压电蜂鸣器**的器件。第三条导线被称为**反馈连接**，此连接可以使蜂鸣器的响声尽可能大。

在这个项目中，你只需要使用烟雾报警器的两条驱动导线即可。有时这些导线可以靠颜色区分，两条驱动导线有可能分别是红色和黑色，反馈导线有可能是白色（见图 7-6）或者其他的颜色。如果你有万用表，你可以测量一下哪些线是驱动导线，从而避免猜测。图 7-6 展示了这个测量过程。

剥开三条导线末端的绝缘皮。如果你的万用表有交流（AC）200V 档位，把万用表设置在这一档上。如果没有，就使用交流 10V 以上的档位。没错，我们使用交流电压档位，而不是常用的直流电压档。将表笔接在任意两条连线上，然后按住烟雾报警器上的测试按键。如果你看到万用表的读数在 9V 附近，或者 4~5V 以上的任何电压，那么这两条线就是你需要找到的驱动导线。否则，继续测量其他的接线组合，直到找到正确的驱动导线。注意，这个项目仍然需要在烟雾报警器中安装电池。

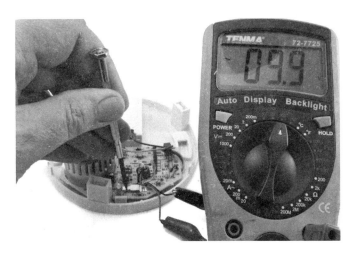

图 7-6　辨别烟雾报警器蜂鸣器导线

第3步：在扩展板上焊接元器件

这个电路的元器件太多，无法将它们全部都拧在扩展板的螺钉接线端子上，所以你需要将元器件焊接在扩展板中间的原型制作区域。图7-7展示了扩展板上的连线方式；图上标记的字母稍后将用于描述如何将它们焊接在一起。

注意

为清楚起见，图7-7上没有展示像之前的Arduino项目那样的伸出扩展板外部的元器件。

按照图7-7的方向拿起螺钉接线端子扩展板，将元器件的引脚从扩展板的正面插入孔中。注意二极管（标为D1）和LED是有极性的器件，它们只有在安装方向正确的时候才能正常工作。让二极管有条纹的一端朝向扩展板上方，并且让LED较长的引脚（正极）朝向下方（见图7-7）。

将所有元器件插好后，将扩展板翻转过来，将引脚焊接在它们从孔中伸出的位置（如果你还不太会焊接，请阅读附录B的"焊接PCB"）。你可以将引脚稍稍弯折，使元器件在翻转板子时不会掉出来。焊接好所有元器件后，你的板子背面看起来应该类似于图7-8。

现在元器件已经固定好，将元器件的引脚按照一定方法折弯，从而建立连接。你可使用图7-9和下面这些步骤作为指导（以下步骤描述的连接在图7-7、图7-9和图7-10中，均用字母表示）。

1）将LED上侧的引脚（负极）折弯，使其横在C1的上方引脚和扩展板的GND线（A）旁边。在LED引脚与C1交叉的位置，以及LED引脚到达GND线的位置分别焊接。剪断多余的LED引脚和C2上侧引脚的其余部分。

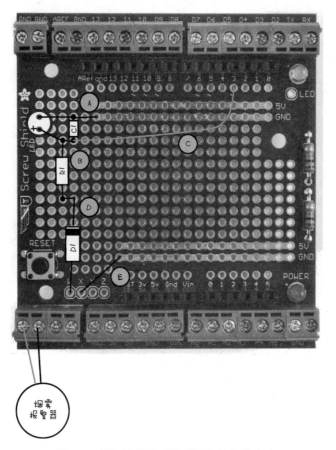

图7-7 螺钉接线端子扩展板上的接线方式

图7-8 将元器件固定在正确位置上

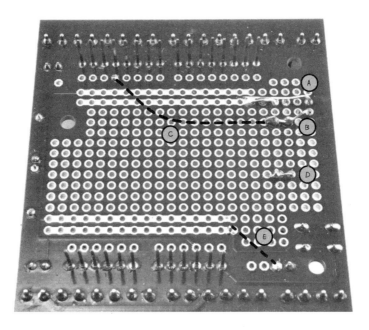

图7-9　焊接好的螺钉接线扩展板的背面图（虚线表示板子正面的走线）

图7-10　已完成的扩展板

2）折弯 LED 的另一个引脚，让它经过 R1 的上侧引脚和 C1 的下侧引脚（B）。在 LED 引脚与 R1 和 C1 交叉的地方分别焊接，然后剪断 C1 和 R1 在交叉点之后的多余引脚。如果你的 LED 在连接了 R1、C1 后还有多余的引脚，将它们都剪断。

3）剪一段独股导线，长度要求可以从第 2 步焊接的 LED 正极末端一直到达顶部的 Arduino 连接器上的 D3（C）。剥去导线两端的绝缘皮（参阅附录 B 的"剥线"）。翻转扩展板，将其正面向上，将线的一端插入 LED 正极和 C1 交叉位置旁边的一个孔中，并将导线焊接在交叉点上。将线的另一端接在 Arduino 的 D3 引脚旁边的焊盘上。将剥去绝缘皮的导线从板子正面插入孔中，然后在背面焊接。

4）折弯 R1 的下部引脚，让它与 D1 的上部引脚交叉（D）。将这两个引脚焊在一起并剪断多余的部分。

5）用另一小段独股导线连接标有 X 的焊盘和扩展板下部的 GND 线（E）。

接完后，板子的反面看起来应该类似于图 7-9。图中的虚线表示该导线在板子的另一面。接着，将板子翻转过来，用一条线连接 Arduino 的 D3（在板子上的标记只有一个数字3）和电容、二极管以及电阻的交点。焊好这条导线。完成后，板子的正面应该和图 7-10 差不多。

现在扩展板上的电路已经制作好了，将显示扩展板重新安装在螺钉接线端子扩展板上，然后上好螺钉。

第 4 步：将烟雾探测器连接到 Arduino

最后，如果你还没有剥掉蜂鸣器连接线的绝缘皮，现在就把这些线剥掉，接着在这两条线上分别焊上一条长导线。为了使焊接处更结实，你可以参考附录 B 的"使用热缩管"中的说明，为焊接处套上热缩管。将烟雾探测器的引线接连接在螺钉接线端子扩展板的 W 和 X 端子上。烟雾探测器和 Arduino 之间的连线可以使用任意有两条线芯的电缆，例如电铃上使用的线等等。但是如果你计划将烟雾报警器装在你的基地里，你需要有足够长的电缆，以便能够连接到探测器想要安装的位置。我用的是 10m 长的电话延长线，使用起来非常不错。

程序

如果你希望只制作这一个项目，而不制作本书中其他的 Arduino 项目，你可以直接将本书配套的 Arduino 程序 Project_11_Smoke_Alarm 写入到你的 Arduino 中。如果你已经制作过本书前面介绍的 Arduino 项目，那么可以打开程序 All_Sensors，修改程序最上方的常数来选择你要制作的项目。你可以阅读程序中的注释部分，这些注释会指导你如何对程序做出正确的修改。

注意可以访问 https://github. com/simonmonk/zombies/ 来获取本书的配套程序源代码。如果你需要了解如何将程序上传到 Arduino 中，你可以阅读附录 C。

这个程序由项目 4 的程序修改而成。你可以阅读第 3 章中的"程序"部分，来了解这个程序整体是如何工作的。这里，我只介绍程序中和火灾报警有关的部分。

首先，我们为 Arduino 的 D3 引脚定义一个新常量。

```
const int smokePin = 3;
```

这个引脚将作为输入引脚，接收来自烟雾探测器的信号。添加完常量 smokePin 后，我们在 setup 函数中添加一行代码，来将这个引脚初始化为输入模式。

```
pinMode(smokePin, INPUT);
```

接下来，我们添加一个新函数，名为 checkSmoke，以供在 loop 函数中调用。checkSmoke 函数定义如下：

```
void checkSmoke()
{
  if (digitalRead(smokePin))
  {
    alarm("FIRE!!");
  }
}
```

checkSmoke 函数包含了监控烟雾信号、显示信息和（或）发出报警声音的剩余代码。代码中调用了 alarm 函数，用来控制蜂鸣器和显示屏上的内容。我们在"项目 6：PIR 僵尸探测器"中第一次见过 alarm 函数。

```
void alarm(char message[])
{
  lcd.setCursor(0, 1);
  lcd.print("          ");
  delay(100);
  lcd.setCursor(0, 1);
  lcd.print(message);
  if (!mute)
  {
    tone(buzzerPin, 1000);
  }
  delay(100);
}
```

除非你按下静音按键（从项目 4 保留下来的功能），这个函数会在 LCD 显示屏上显示消息（"FIRE!!"），而不会大声报警，以致引来僵尸。

使用火灾报警器

测试火灾报警器的方法很简单：用一个螺丝刀按住测试按钮的触点（见图 7-6）。蜂鸣器会发出声音，同时 LCD 显示屏上会显示出报警信息。

确认了火灾报警器可以正常工作后，将传感器安装在可能起火的地方，你就会有足够多的机会来扑灭火焰，或者至少能从容不迫地逃生。与被僵尸追赶着惊慌逃跑相比，制作一个安静的火灾报警器是值得的。

项目 12：温度报警器

既然你的院落可以将僵尸拒之门外，你应该不必经常更换住处。随着时间的推移，你一定会获得一些有价值的，但对环境温度敏感的物品。根据你储存的物品的不同，你可能需要确保发电机不会过热，也要确保酒窖里不会太冷。为了保护这些可以让你存活下来，或者可以和其他幸存者交换的物品，你需要一个温度报警器，以便在出现过热或过冷的时候提醒你。

你的 Arduino 现在已经任务繁重，这是使用这个 Arduino 的最后一个项目了。图 7-11 演示了 LCD 显示屏正用摄氏温度报告一个高温。

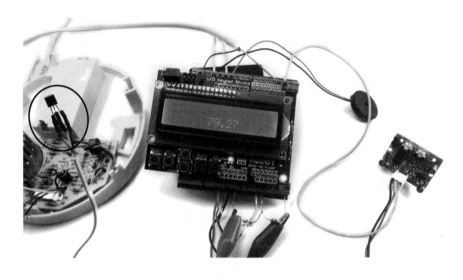

图 7-11　满载的 Arduino，连接了温度传感器（圈出部分）、运动传感器、烟雾传感器和电池监测器

图 7-11 的左边，在项目 11 中使用的烟雾传感器前面，有一个具有 3 个引脚的温度传感器。这个传感器将测得的温度数据发送给 Arduino，然后 Arduino 再将数据用人们可以读懂的文本显示出来。

材料清单

要完成这个项目，你需要准备在"项目 4：电池监测器"中使用过的 Arduino 和螺钉接线端子扩展板。此外你还需要以下材料。

材　　料	说　　明	来　　源
TMP36	温度传感器	Adafruit（165）
有三条线芯的导线	连接传感器芯片和 Arduino 扩展板	废弃的电话线或其他有三条线芯的导线
热缩管	3 个长 25mm 左右的	汽车配件商店

你可以使用电工胶布代替热缩管，但是我更推荐使用热缩管。因为它更结实，而且不容易解开。

开始构建项目

图 7-12 展示了此项目的接线方法。在之前的项目中，LCD 显示屏应该已经安装好了，所以你唯一需要连接的，只有 TMP36 温度传感器。

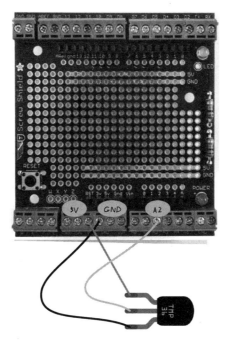

图 7-12　温度报警器接线图

TMP36 温度传感器

TMP36 是一种小型的温度传感器芯片，它有 3 个引脚。在这个项目中，3 个引脚分别连接到 5V、GND 和 Arduino 的 A2 引脚上。图 7-13 是这个传感器芯片的引脚分布示意图。

这种芯片只能精确到大约2℃的范围，如果你想更精确地测定温度，你可能需要考虑改变这个项目的设计和源代码，并换一个数字温度传感器，例如DS18B20。

TMP36 的 V + 引脚支持 2.7 ~ 5.5V 之间的任意输入电压，在中间的引脚上，芯片会根据温度和一定比例产生一个模拟输出电压。电压对应的芯片温度（摄氏）可以用这个公式计算出来：

$$温度 = 100 × 电压 - 50$$

所以，如果电压是 0.6V，则温度为 $100 × 0.6 - 50 = 10$（℃）。如果你习惯使用华氏温度，只需进一步计算即可。

$$°F = ℃ × 9/5 + 32$$

TMP36 可以测量 -40 ~ +125℃ 之间的温度，但是测出的温度有 2℃ 以内的误差。

图 7-13　TMP36 引脚分布图

第 1 步：延长 TMP36 的引线

要延长 TMP36 的引线，你可以只将一个有 3 条线芯的导线焊接在 3 个引脚上。但是为了让连接处的寿命更长，你可以使用热缩管套在焊接的地方。图 7-14 展示了这一过程。

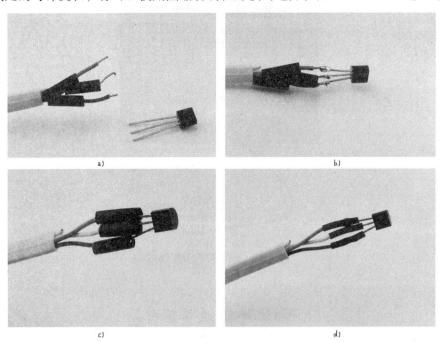

a)

b)

c)

d)

图 7-14　在 TMP36 的引脚处使用热缩管

首先，剥掉每条线芯末端的绝缘皮，并在每一条线芯上滑入一个热缩管（见图 7-14a）。接着将导线焊接在 TMP36 的引脚上（见图 7-14b）。滑动热缩管，让其能包裹住焊接的结点（见图 7-14c）。最后用吹风机或热风枪加热热缩管，直到它们……好吧，收缩（见图 7-14d）。如果你有直径更大的热缩管，你可以将整个传感器和 3 个引脚的部分全包起来，以让我们制作的温度探头更结实耐用。

注意

要了解使用热缩管的更多信息，请阅读附录 B 的"使用热缩管"。

第 2 步：将温度传感器引线连接至螺钉接线端子扩展板上

将温度传感器引线连接到扩展板上（见图 7-11）。你不一定要使用图中使用的那个 GND 端子，而是使用任何一个 GND 端子都可以。

程序

如果你希望只制作这一个项目，而不制作本书中其他的 Arduino 项目，你可以直接将配套的 Arduino 程序 Project_12_Temperature 上传到你的 Arduino 中。如果你已经制作过本书前面介绍的 Arduino 项目，那么可以打开程序 All_Sensors，修改程序最上方的常数来选择你要制作的项目。这个程序中的注释部分将告诉你如何修改这些常数。

注意

你可以访问 https://github.com/simonmonk/zombies/ 来获取本书所有的配套程序源代码。如果你需要关于如何安装程序的说明，请阅读附录 C 的"安装 Antizombie 程序"。

这个程序由项目 4 的程序修改而成。你可以阅读第 3 章的"程序"部分，来了解这个程序整体是如何工作的。这里，我只介绍程序中和本项目有关的部分。

首先，我们为 Arduino 引脚定义一个新常量。这个引脚将作为接收 TMP36 信号的输入引脚使用。

```
const int tempPin = A2;
```

我们还需要定义两个常量，用于设置一个温度范围。一旦测得的温度超出这个范围，警报就会被触发。这些常数是 float 型，而不是 int 型。因为 float 类型可以表示十进制数，而不仅限于整数。

```
// 项目 12 常量
// 可以是摄氏温度或华氏温度
const float maxTemp = 45.0;
const float minTemp = -10.0;
```

就像注释所说的那样，这些温度数值可以是摄氏温度，也可以是华氏温度。你测得的温度单位可以在另一个新函数中定义。

现在，loop 函数中出现了一个对 checkTemp 函数的调用。这个函数的定义如下：

```
void checkTemp()
{
  float t = readTemp();
  if (t > maxTemp)
  {
    alarm("HOT", t);
  }
  else if (t < minTemp)
  {
    alarm("COLD", t);

  }
}
```

checkTemp 函数首先调用 readTemp 函数来测量温度，然后将测得的数据与最大值和最小值比较。如果发现温度过高或过低，就调用 alarm 函数。注意这个版本的 alarm 函数有一个额外的参数，用来把温度显示在 LCD 显示屏上。

readTemp 函数中进行了读取模拟输入引脚原始数据的操作，接着这些原始数据将被转换成温度。

```
float readTemp()
{
  int raw = analogRead(tempPin);
  float volts = raw / 205.0;
  float tempC = 100.0 * volts - 50;
  float tempF = tempC * 9.0 / 5.0 + 32.0;
  //  下面两行中有一行需要去掉注释
  //  以摄氏温度或华氏温度返回温度值
  return tempC;
  // return tempF;
}
```

analogRead 函数返回的原始值是一个在 0 ~ 1023 之间的数，返回 0 表示模拟输入引脚上的电压为 0V，返回 1023 表示电压为 5V。这个电压可以通过将原始值除以 205 计算出来（1023/5 大约等于 205）。

接着，程序会根据本章前面的"TMP36 温度传感器"中的关系式，将电压乘以 100，再减去 50，计算出摄氏温度，然后通过公式也可以将华氏温度也计算出来。

最后，摄氏温度和华氏温度这两个数值，只能返回其中一个。在这个版本的 readTemp 函数中，返回 tempF 的那一行变为注释了，所以，函数返回的是摄氏温度。如果你想返回华氏温度，就将 return tempC 一行变为注释，然后将 return tempF 一行取消注释。这样的话，函数的最后三行应该看起来像下面这样：

```
    // return tempC;
    return tempF;
}
```

要测试温度传感器，你可以尝试将 maxTemp 常量设置成略微比室温高一点的温度，将程序写入到 Arduino 中，然后把温度传感器捏在两个手指之间，让它变热。观察 LCD 显示屏上的内容，读数应该会变化。

使用温度报警器

在这个项目中，Arduino 和温度传感器之间的导线长度是有限制的。假如你用长达 7m 的导线来连接 Arduino 与传感器，虽然你还是可以读到温度，但是你使用的导线越长，读出的温度就会越不准确。因为长导线上的电阻和电气噪声，都会干扰读数。

将传感器放在你要监控温度的物品附近，观察 LCD 显示屏的内容。如果你的酒窖温度不够冷，试着在你的基地的其他房间安装传感器，直到找到温度合适的房间。如果找不到，那就把传感器装回到发电机上，邀请其他的幸存者来把酒喝了吧，然后举行一个会议，讨论一下对抗僵尸的策略吧！

现在，你已经拥有一大堆传感器来警告你基地中的危险情况了。在下一章中，你会将这些 Arduino 项目与树莓派（Raspberry Pi）结合起来，构建一个控制中心。

为基地打造一个控制中心

在这一章中，你将学习如何使用树莓派（Raspberry Pi）与本书之前的 Arduino 项目建立连接，制作一个集成控制中心。这个控制中心可以让你在一块屏幕上监视所有的警报和监控设备。这样，如果有僵尸破坏了你的院子，你就可以立即发现（见图 8-1）。作为一项额外功能，你将学习如何给控制中心添加无线连接功能。

图8-1　安防控制中心前一个安静的夜晚

项目 13：树莓派控制中心

在这个项目中，你将把第 5 章中介绍的树莓派系统与下面这些我们已经开发好的 Arduino 监控项目连接起来：

- "项目 4：电池监测器"
- "项目 6：PIR 僵尸探测器"
- "项目 10：大门传感器"
- "项目 11：安静的火灾报警器"
- "项目 12：温度报警器"

我们将使用 USB 数据线连接两个开发板，在接下来的项目 14 中你还可以用无线蓝牙连接代替 USB 数据线。即使进行无线改造，Arduino 仍然可以不连接树莓派，单独使用。当你连接好树莓派，你可以在一个程序窗口中查看所有传感器和警报的状态。图 8-2 展示了这一系统，你可以在屏幕中间程序窗口中看到各个传感器状态。

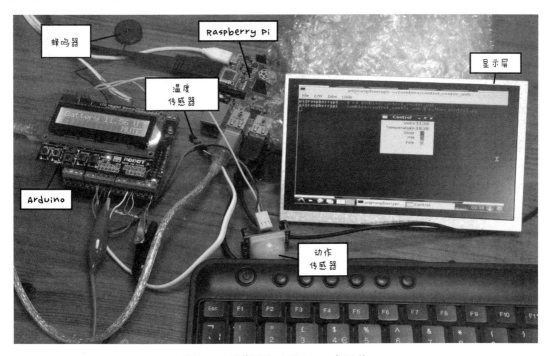

图 8-2　树莓派和 Arduino 一起工作

材料清单

这个项目将第 5 章中介绍的树莓派系统与本书至此介绍的大多数 Arduino 项目建立连

接。所以你需要准备的只是下面这些：

- 至少一个之前介绍的 Arduino 项目。
- 本书第 5 章介绍的树莓派系统。
- USB 数据线（和你为 Arduino 写入程序的 USB 数据线一样）。

开始构建项目

假设你已经跟着前面几章的介绍，慢慢给你的 Arduino 添加功能。那么现在，你的 Arduino 上应该已经运行着 5 个项目了。如果你真的准备好了，你也许已经早就把这些项目做好，并藏在旅行袋里，为可能的未知的"大灾难"做好准备。无论如何，你至少已经有了你感兴趣的，而且可以使用的传感器了。

如果你的 Arduino 项目和树莓派系统已经配置好了，把它们连接起来就不会非常麻烦。你将 USB 数据线的一端插入树莓派，另一端插入 Arduino，这样就连接好了。如果你的树莓派已经没有多余的 USB 接口了，你将需要一个 USB 集线器（hub）来扩展出更多的 USB 接口。

连接好后，你需要给它们编写程序了。最好先用普通的电脑给 Arduino 写入好程序，再将 USB 线连接在树莓派上。因为用树莓派的小屏幕给 Arduino 写程序太困难了。

图 8-3 展示了系统各个部件的连接方式。

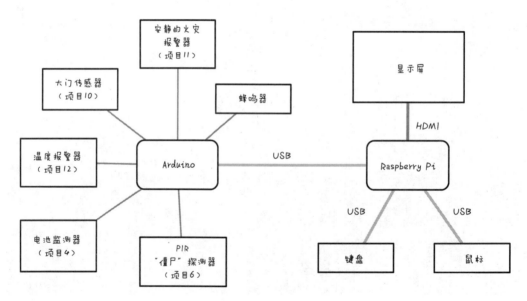

图 8-3 控制中心结构图

这种硬件结构发挥了 Arduino 和树莓派各自的优势。Arduino 可以连接很多种传感器，但是树莓派无法直接使用大部分 Arduino 上连接的传感器。同时，Arduino 没有显示器，但是树莓派有。

程序

这个项目中的软件分为两个部分：一个是修改过的 All_SensorsArduino 程序和一个在树莓派上运行，用于和 Arduino 通信的 Python 程序。

一定要在"末日"之前，去 https://github. com/simonmonk/zombies/下载好和本书配套的程序源代码。

Arduino 程序

在本项目中使用的 Arduino 程序是 Project_13_Control_Center_USB。这个程序在运行所有 Arduino 项目的 All_Sensors 程序的基础上进行了修改，增加了一些源代码，使 Arduino 可以通过串行端口（在本项目中是 USB 接口）向其他设备发送数据。

注意

如果你需要了解如何将程序上传到 Arduino 中，你可以阅读附录 C。

在将 Arduino 连接到树莓派之前，最好先连接普通的台式电脑或笔记本电脑，对这个复杂系统的每个部分分别进行测试。以免在"大灾难"发生后，再去浪费汽车蓄电池中的电能进行测试。

要开始测试，将程序 Project_13_Control_Center_USB 写入 Arduino 中。点击 Arduino IDE 中的放大镜按钮，打开串行端口（串口）监视器（见图8-4）。

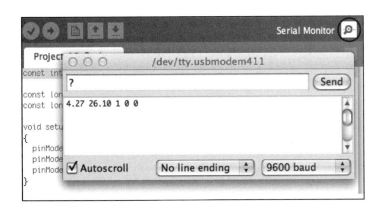

图8-4　串行端口监视器

确保在右下角的下拉列表中选择"9600baud"。这个值是波特率，表示数据传输的速率（以"bit/s"为单位计量），这个速率必须和程序中设置的波特率匹配。

在串口监视器上方的文本输入区域中，输入这个"?"命令，单击发送（Send）。Arduino 应该会显示一行数字，例如图 8-4 中展示的 4. 27 26. 10 1 0 0（你的数字不一定和图上的一样）。这些数字分别是电池电压、温度、门的状态、PIR 传感器状态和烟雾报警状态。对于每一个状态值，0 表示一切正常，1 表示有警报。这些就是稍后我们要显示在控制中心中的信息。通过查看串口监视器，模拟树莓派接收数据的方式，你可以测试项目的 Arduino 部分是否正常工作。

如果你有用于研究的僵尸俘虏，你可以试试把温度传感器放在它们的皮肤上，然后再输入这个"?"命令。如果你没有测试对象（或者不想冒险测试），就把传感器放在两个手指之间。无论是哪种方式，你都应该能看到 Arduino 显示消息中的温度部分发生变化。

如果串口监视器中的数据反应正确，你就可以从电脑上拔下 Arduino，插在树莓派的 USB 接口上了。

如果串口监视器中没有显示出数据，就检查一下 Arduino 程序有没有成功写入 Arduino 中。如果显示出的数据不符合预期，就分别检查每个 Arduino 项目接线是否正确。

在 Arduino 程序 Project_13_Control_Center_USB 中，你会看到，和 All_Sensors 不同，Setup 函数的最后有下面这行语句：

```
Serial.begin(9600);
```

这行语句让 Arduino 通过开发板上的 USB-串口转换器，启动一个波特率为 9600 的串口连接。传入 begin 的数值必须和串口监视器的波特率下拉菜单中的数值匹配。

这个程序的 loop 函数起始处也有一个地方不同：

```
if (Serial.available() && Serial.read() == '?')
{
  reportStatus();
}
```

这些语句会检查是否有来自 USB 的串行通信正在等待处理。如果有的话，当你发送"?"这个消息时，程序就会调用 reportStatus 函数。

```
void reportStatus()
{
  Serial.print(readVoltage());
  Serial.print(" ");
  Serial.print(readTemp());
  Serial.print(" ");
  Serial.print(digitalRead(doorPin));
  Serial.print(" ");

  Serial.print(digitalRead(pirPin));
  Serial.print(" ");
  Serial.println(digitalRead(smokePin));
}
```

reportStatus 函数会按照格式输出各个传感器信息，而且把串口消息的每个部分用一个空格分开。最后的 println 命令会在每次输出完一个消息后，自动在末尾添加一个换行符。

树莓派程序

这个项目的树莓派程序可以在 Raspberry Pi/control_center_usb 文件夹中找到。想要一次性下载本书中所有的树莓派程序，你可以在树莓派的终端窗口中输入以下命令：

```
$ cd /home/pi
$ git clone https://github.com/simonmonk/zombies.git
```

这些命令将获取本书使用的所有代码，也包括其他项目中使用的 Arduino 代码。

注意

要让这些命令正常工作，你需要用网线将树莓派连上网络，而且需要互联网可以正常使用。因此，这是一件在"末日"来临之前一定要做好的事情。不要等到"灾难"发生以后噢！

要启动控制中心，你需要运行 Python 程序 control.py。在树莓派的终端窗口中输入以下命令：

```
$ cd "zombies/Raspberry Pi/control_center_usb"
$ python control.py
```

程序启动后，会出现如图 8-5 所示的窗口。

程序会将 Arduino 发送的读数用易于阅读的方式显示出来，同时需要你立刻注意的读数会用红色高亮来显示。如果没有警报，读数会显示为绿色。在这个例子中，我的门被打开了，意味着在我写作时，僵尸可能会闯入我的院子里！我要去检查一下门了，这个时候你可以先用文本编辑器打开 control_center_usb.py 文件看一看。

图 8-5　控制中心

注意

这是从第 5 章开始，我们第一次阅读 Python 源代码，所以在看了不少 Arduino 源代码后，这些语法可能会看起来不熟悉。如果你分不清代码中什么是什么，只需记得这些主要区别：在 Python 中，每行的末尾没有分号。另外，Arduino 中使用大括号将代码分块，而 Python 使用缩进进行分块。

因为程序大约有 100 行，所以我没有把完整的源代码写在这里。但是在接下来的内容中，我会对一些关键的地方进行重点说明。如果你想改一改这个程序，那么了解程序是如何工作的，将会是很有帮助的。例如，你或许想改进一下显示窗口，新增一列显示数值单位的区域。你甚至可以让它对火灾、检测到僵尸等事件，显示更加具体的警告，或者显示出你什么时候需要马上离开基地等等。你可以访问 http://effbot.org/tkinterbook/tkinter-index.htm 来学习如何使用 Tkinter 制作漂亮的用户界面。

阈值

代码文件的最上方是一些可能需要修改的常量。

```
MIN_VOLTS = 11.0
TEMP_MIN = -10.0
TEMP_MAX = 45.0
```

这些常量指定了控制中心窗口中数值是否变红的临界值。在这个例子中，如果电压降到了 11V 以下，电压一栏就会由绿色转为红色。当温度降低到 –10℃ 以下，或升高到 45℃ 以上时，同样的事情也会发生。在 TEMP_MAX 和 TEMP_MIN 常量中的温度单位，来自于你在 Arduino 程序中使用的单位。要了解如何在摄氏度与华氏度之间切换，你可以参考"项目 12：温度报警器"。

为你的基地设置好合适的阈值，并要考虑到如果电池电量降低或温度升高时，你需要警告提前的程度。

状态标签

以下源代码展示了用户界面中的标签和数值是如何通过编程来实现的，以电池电压为例。这部分源代码包含在一个名为 App 的类中，且用户界面是定义在 App 类的初始化方法__init__中的。

```
Label(self.frame, text='Volts').grid(row=0, column=0, sticky=E)
self.volts_var = StringVar()
self.volts_label = Label(self.frame, textvariable=self.volts_var)
self.volts_label.grid(row=0, column=1)
```

第一行代码创建了一个标签 Volts，并将它放在一个网格布局的第 0 行，第 0 列中。sticky 属性表示，这个区域中的内容应该贴着"东"的边界——换句话说，就是右对齐。

第二行代码定义了一个特殊类型的变量（StringVar），这个类型的变量是供为程序提供图形界面的 Tk 图形程序库使用的。此变量被分配给一个名为 volts_var 的成员变量，当定义电压值的标签时，该变量将在第三行中被引用。当 volts_var 变量的值发生变化时，标签字段将自动显示 volts_var 的新值。

网格布局划分窗口的方式就像有单元格的表格一样，你可以指定界面上元素的位置，而不必提供精确坐标。网格的排列方式为：行从顶部到底部编号，最上面的行是 0，列从左到右编号，最左边的列是 0。最后一行代码用于在第 0 行，第 1 列中显示数值，从而将电压显示在 Volts 标签旁边。

在控制中心窗口中显示的其他字段的代码，也都是按照相同的方式定义的。

当然，你可能希望使用具有更多或者更少描述性的标签，你可以将它们更改为你喜欢的任何内容。

与 Arduino 进行通信

在__init__方法的末尾，你会找到下面这两行代码。

```
self.ser = serial.Serial(PORT, BAUD, timeout=1)
time.sleep(2)
```

第一行代码启动一个与 Arduino 通信的串行端口。第二行代码会使程序暂停运行两秒钟，在给 Arduino 发送命令之前，给它足够的时间启动。

让你的控制中心自动刷新

如果显示的数据不能自动刷新，那么你的控制中心就没有什么用了。数据的刷新由 read _arduino 方法实现。

这是第一部分：

```
def read_arduino(self):
    self.ser.write('?')
    volts, temp, door, pir, fire = self.ser.readline().split()
    self.volts_var.set(volts)
    self.temp_var.set(temp)
    self.door_var.set(door)
    self.pir_var.set(pir)
    self.fire_var.set(fire)
```

read_arduino 方法首先给 Arduino 发送 "?" 命令，之后 Arduino 会回复一行以空格符分隔的数值，就像你在测试 Arduino 程序时，在串口监视器中看到的那样。然后，将返回的带有数值的字符串拆分，使用空格作为分隔符 [空格是 . split（ ）函数的默认分隔符]。这样，与用户界面中的每个数值字段关联的 StringVar 变量就在窗口中更新了。

数值更新后，read_arduino 方法的剩余部分会根据数值大小，将数值显示字段的颜色设置成红色或绿色。

为了 read_arduino 方法按照一定时间间隔反复调用，必须从 Tk 用户界面对象安排一个对 read_arduino 的调用：

```
def update():
    app.read_arduino()
    root.after(500, update)

root.after(100, update)
```

这些源代码确保 100ms（1/10s）后调用 update 函数。update 函数首先调用 read_arduino，然后设定在 500ms（半秒）后重新运行自己。这样，我们的控制中心会每半秒钟，检查一次所有的传感器。如果你处于危险之中，无论是僵尸入侵还是环境灾害，你都会立刻知道。

你可以把这个程序和 "项目 7：使用 USB 网络摄像头监控僵尸" 中的程序同时运行，只需同时打开两个 LXTerminal 窗口，在每个窗口中运行其中一个程序。这样，如果警报触发，你就可以马上看见是什么东西触发了警报。

使用控制中心

现在，你有了一个屏幕，可以让你持续观察你基地中的所有安全措施。将你的控制中心放在可以轻松看到的地方，如果你已经连接了图8-3中的所有组件，你就可以立即知道你的物资是否安全，电源电压是否正常，以及僵尸是否已经突破了你的防线。

如果屏幕界面上的数值不刷新，请回到本节前面的"Arduino程序"，重新用串口监视器发送"?"命令测试一次，看是否可以接收到状态回复。

项目 14：蓝牙无线通信

目前，项目13中的控制中心正被数据线纠缠着，你必须要将Arduino和树莓派放在一起。这也就意味着，你应该已经意识到，一旦基地起火，等火焰到达你附近时再逃出基地，为时已晚。在本项目中，我们通过蓝牙以无线的方式将Arduino和树莓派连接起来，这样你的控制中心的效果将大大增强。你的传感器就可以在危险来临之前，提前探测到问题了。

旧版本树莓派没有内置蓝牙（较新的树莓派3B、3B＋等型号已经内置无线网卡和蓝牙收发器了），但是支持很多种USB蓝牙适配器。我们将给Arduino连接上蓝牙串行口模块，为其增加蓝牙连接，见图8-6中右边伸出的模块。

图 8-6 为 Arduino 增加蓝牙连接

要制作这个项目，首先需要完成"项目13：树莓派控制中心"，确认所有功能都正常工作之后，你就可以添加无线连接了。

材料清单

要完成这个项目，除了项目 13 中的所有材料，你还需要准备以下材料：

材　料	说　明	来　源
USB 蓝牙适配器	与树莓派兼容	电脑商店或网上购买（淘宝）
蓝牙模块	HC-06 蓝牙串行口模块	网上购买
270Ω 电阻		Mouser（293-270-RC）
470Ω 电阻		Mouser（293-470-RC）
导线		
排针	4 个一排	Adafruit（392），网上购买
螺钉接线端子（screwshield）扩展板		Adafruit（196）
多股或独股连接线	在螺钉接线端子的原型区连接元器件用	Adafruit（1311），Scavenge
母端对母端跳接线	（可选）可以代替排针	Adafruit（266）

这个项目的硬件部分可以构建在你在之前的传感器项目（项目 4、6、10、11 和 12）中使用的螺钉接线端子扩展板上。我给树莓派连接的蓝牙适配器[⊖]是剑桥无线半导体（CSR）公司的产品。要查看树莓派支持的蓝牙适配器型号列表，可以访问 https://elinux.org/RPi_USB_Bluetooth_adapters。如果你担心把蓝牙模块直接焊在排针上会出问题，则可以使用四条母端对母端跳接线来连接排针和蓝牙模块。

注意

你可以买一个带有一对底板和模组，并已经预先焊接好的蓝牙串行口模块，以避免你使用一些奇特的焊接技巧。

很多 HC-06 蓝牙模块有 6 个，而不是 4 个引脚。我们可以忽略另外两个引脚，仅使用 +5V、GND、TXD 和 RXD 4 个引脚即可。这些引脚通常露在外面，但你仍然需要检查引脚功能，因为偶尔有些设计会更换引脚位置。

开始构建项目

要启用树莓派的蓝牙连接功能，你只需要将 USB 蓝牙适配器连接到树莓派上。
Arduino 需要连接一个之前提到的蓝牙模块，以及一对电阻，用来将 Arduino 的 5V 电压

⊖　原文为"蓝牙模块"。为避免和 Arduino 的蓝牙串行口模块混淆，此处译为"蓝牙适配器"。——译者注

信号分压成为蓝牙模块支持的3V电压信号。在扩展板原型区域中没有被项目11中火灾报警器电路占用的位置上搭建模块和分压电阻电路。

图8-7展示了这个项目的连线布局。为避免混淆，图8-7只展示了安装在扩展板上的蓝牙模块，没有展示来自其他项目的连线。

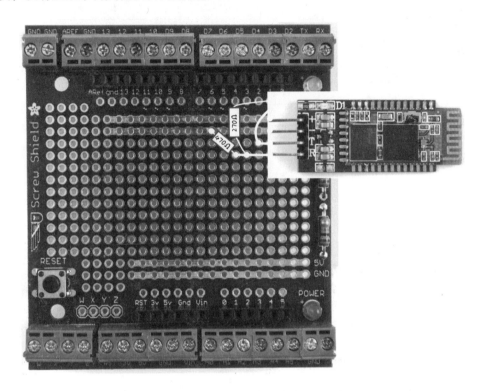

图 8-7　为Arduino添加蓝牙模块的连线布局

蓝牙模块需要平放安装，以免挡住LCD扩展板。你需要在螺钉接线端子扩展板上焊4个0.1in排针，然后将蓝牙模块平行于扩展板，垂直焊在排针上。如果你愿意的话，你还可以用母端对母端的跳线，将蓝牙模块连接在排针上。

第1步：焊接排针

将排针焊接到位。你可以在图8-8中看到，+5V和GND两个排针与扩展板的两条电源轨道对齐。

注意，图中通向Arduino D3引脚的导线是项目11的火灾报警器中的一部分，这条导线不属于现在这个项目。

第2步：焊接电阻和导线

将电阻和导线焊在扩展板如图8-9所示的位置上：470Ω电阻从Arduino D7一列的GND连接到D4列最下面一个排针的位置；270Ω的电阻从Arduino D4列最下面一个排针的位置

图 8-8 焊接好的排针

连接到 Arduino D1 引脚。导线从 Arduino 的 D0 引脚连接到从上至下第三个排针上。

图 8-9 焊接电阻和导线

焊接好电阻和导线后，将扩展板翻转过来，焊接板子背面的电路。

图 8-10 展示了扩展板背面的特写。为了能看清元件之间是如何连接的，在图中你能透过电路板看到背面的元件（画上去的）。

首先，向最下面一个排针的方向折弯 270Ω 电阻的引脚❶，将这个引脚焊在排针的焊盘

图 8-10　扩展板背面的连接

上，然后剪断多余的引脚。从 470Ω 电阻的底端折弯剩余引脚，使其与左边的焊盘接触❷。将导线焊接到该焊盘，然后剪断多余的引脚。现在，你应该已经将排针底部、270Ω 电阻和 470Ω 电阻底部都连接在一起了。

板子背面的最后一个连接❸，用导线的多余部分将其连接到左边一个焊盘，也就是从上至下第三个排针的位置。

第 3 步：焊接蓝牙模块

最后一步是将蓝牙模块焊接到排针上。将模块上的一个焊盘焊接到其中一个排针上，并在焊料处于熔化状态的同时，将蓝牙模块靠在板子上的 1kΩ 电阻上固定好。接着将模块的第一个引脚焊在第一个排针上。你可以在图 8-9 的右下角看到这个电阻。一旦第一个引脚焊接好，其他的引脚应该已经排成一行，并且很容易焊接了。如果你愿意的话，可以使用母端对母端跳线将蓝牙模块连接到扩展板上。图 8-11 展示了已经焊接好的蓝牙模块。

程序

因为你的传感器没有变化，你可使用与前面的"Arduino 程序"中相同的 Arduino 程序。蓝牙模块取代了 USB 接口。

注意，这个硬件使用串行端口与蓝牙模块通信，在 Arduino Uno 上，这个蓝牙模块与

图 8-11 焊接好的蓝牙模块

USB 接口共同占用串行端口。这意味着在给 Arduino 写入程序之前,你需要拔下扩展板(如果使用了跳线,则只需拔下蓝牙模块)。

但是,树莓派上的软件确实需要进行一些小的改动,并且要想让树莓派使用蓝牙模块需要安装一个软件套件。记得一定要在互联网坏掉之前安装好这些软件!

将 USB 蓝牙适配器插在树莓派空闲的 USB 口上,然后在 LXTerminal(终端)窗口中运行这些命令:

```
$ sudo apt-get update
$ sudo apt-get install bluetooth
$ sudo apt-get install bluez-utils
$ sudo apt-get install blueman
```

安装软件可能会花费比较长时间,所以等待的时候你可以找一个愿意配合的人,或者不愿意配合的僵尸,练一练你的武术技巧了。

软件都安装好了,你也练习得满身大汗了之后,用下面这个命令重新启动树莓派。

```
$ sudo reboot
```

树莓派重新启动完成之后,打开一个终端窗口,用下面这个命令来查看蓝牙端口的 ID。

```
    $ hciconfig
❶ hci0: Type: BR/EDR  Bus: USB
        BD Address: 00:15:83:0C:BF:EB  ACL MTU: 339:8  SCO MTU: 128:2
        UP RUNNING PSCAN
        RX bytes:419213 acl:19939 sco:0 events:7407 errors:0
        TX bytes:95875 acl:7321 sco:0 commands:57 errors:0
```

我们在这里需要的信息是蓝牙端口的名称,在这个例子中是 hci0,你可以在❶的位置找到端口名称。如果你运行命令后，hci 后面的数字不是 0，你需要记下这个数字，后面的步骤中需要用到。

　　每一个蓝牙设备都有一个唯一的 ID，称为 MAC 地址。我们需要找到新的 Arduino 蓝牙模块的 MAC 地址，以便与树莓派配对。当你打开 Arduino 的电源时，你会看到蓝牙模块上的 LED 持续闪烁，这是因为蓝牙模块还没有与树莓派配对。一旦成功配对后，LED 会保持常亮。执行以下命令，查找蓝牙模块的 ID。

```
$ hcitool scan
```

hcitool 的输出结果看起来应该类似下面这样：

```
Scanning ...
    00:11:04:08:04:76   linvor
```

ID 是一个由六个部分组成的数字。把这个数字复制到剪贴板上（复制和粘贴命令在鼠标右键菜单里）。然后输入以下命令来将树莓派连接到 Arduino 蓝牙模块上（记得将蓝牙 ID 换成你自己的模块的 ID）：

```
$ sudo hcitool cc 00:11:04:08:04:76
```

如果你还没有下载树莓派程序的话，请按照前面的 "树莓派程序" 中的说明下载程序。你可以在 Raspberry Pi/control_center_bt 文件夹中找到支持蓝牙连接的 control. py 程序。

　　获得程序之后，运行下面这个命令。仍然要把蓝牙 ID 换成你自己的模块的 ID。

```
$ sudo rfcomm connect 0 00:11:04:08:04:76 1 &
[1] 2625
$ Connected /dev/rfcomm0 to 00:11:04:08:04:76 on channel 1
Press CTRL-C for hangup
$
```

　　每次树莓派重新启动后，你都要在运行程序之前执行一次这个命令。命令最后的 & 符号会使命令在后台运行，这样你就可以用同一个终端窗口运行树莓派程序了。如果 $ 提示符消失了，按下回车键就能让它重新出来。

　　如果你之前运行 hciconfig 命令后，蓝牙接口名称的 hci 后面不是 0，那么你需要将命令中的 connect 后的第一个 0 换成 hci 后的那个数字。还记得我之前让你记下来的那个数字吗？

　　最后，切换到项目文件夹并运行程序。

```
$ cd ~/zombies/control_center_bt/
$ python control.py
```

　　如果你查看这个项目和项目 13 中的 control. py 文件，你会发现唯一的区别是端口名称不同。在这个版本的 control. py 中，我们指定端口为/dev/rfcomm0 而不是/dev/ttyACM0。这样程序就会使用蓝牙连接，而不是 USB 连接。

使用带有蓝牙连接的控制中心

这个项目运行起来和项目 13 中的 USB 版本完全相同，窗口显示相同信息。如果你的网络摄像头是无线的，那么它现在就更加便捷了。如果有僵尸闯进来了，你只要抓起树莓派、显示器和电源，躲在壁橱里，直到它们失去兴趣离开。

在下一章中，我们将研究如何分散僵尸的注意力，因为躲开它们，总是比消灭它们更加容易。

"僵尸" 干扰器

　　戏弄个把僵尸并不难，你可以轻而易举地快速摆脱它们（见图9-1）。毕竟，它们没什么脑子。本章就是旨在设计出可以通过闪光、响声和动作作为诱饵，把僵尸的注意力从你身边移开的项目。试想一下这一幕，一群僵尸正成群结队在你家车库门附近徘徊，而此时你正要去取最后那点剩余的汽车蓄电池，如果有了这些干扰器，就可以让你有足够的时间，把僵尸从门前引开，也许还能把它们引入致命僵尸陷阱，比如火堆，或者地上的一个大坑什么的。

图9-1　请微笑

本章第一个项目，是用一次性相机上的闪光灯，来造一个让僵尸晕头转向的"连环迷失爆闪灯"。第二个项目，是用声音和动作把僵尸注意力引开。通过这些装备，把它们引离你基地的紧要位置，这样僵尸就妥妥地从你身边被引开了。

项目 15：Arduino 闪光干扰器

这个用 Arduino 和旧相机组成的闪光干扰器，通过产生一连串定时闪光，让你那些没脑子的僵尸敌人晕头转向。从老式相机店的店主那，你不难搞到大量用过的一次性胶片相机。如果那些店主是僵尸的话，那就更容易了。它们也许会试着向你嘟囔，不过我敢打包票，不管它们发出什么嘟囔声，那都纯属巧合。

图 9-2 展示了一个完整的僵尸闪光干扰器，它由 3 个用过的一次性相机组成，并且经过改装以便让 Arduino 触发。这三个相机用胶带绑在一起，闪光点朝外。

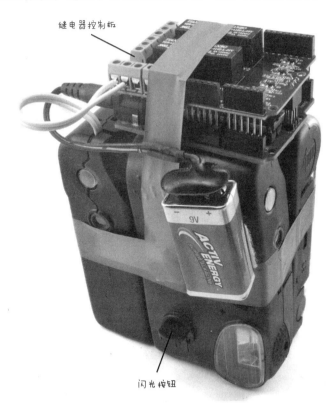

图 9-2　僵尸闪光干扰器成品

通过合适的角度组装 3 个模块，闪光灯能覆盖 270° 的范围。如果你不想这个装置离你控制中心太近的话，你需要一个独立的 Arduino 来控制它。

如果你有心脏起搏器，或者心脏不舒服的话，甚至闪光会诱发癫痫的话，那就别碰这个项目。

警告：高电压和强闪光

一次性相机中的闪光灯工作时电压高达 400V（DC）。如果你不想被电到，拆相机和处理闪光模块的时候，可要千万小心哦。很多闪光模块会长时间会处于高电压状态，长达几个小时甚至几天。使用这个模块前，一定要按照本节"第 3 步：确保相机不会造成伤害"中的说明去安全地给电容放电。

材料清单

要实现这个项目，你需要以下材料。

材　　料	说　　明	来　　源
Arduino Uno	R3 版本 Arduino Uno	Adafruit、Fry's（7224833）、Sparkfun
继电器扩展板	4 通道继电器	淘宝
一次性相机	3 个用过的一次性相机	相机店
9V 电池	PP3 规格的 9V 电池，或者大些的 9V 或者 12V 电池组	电子市场
9V Arduino 电池线	带直流电源插孔和 9V 电池夹适配器	Adafruit（80）、淘宝
双芯电线	三个 6in（15cm）门铃线或其他双芯线	电子市场
电工胶带		五金店
100Ω 电阻	用来给照相机闪光灯电容放电	Mouser（293-100-RC）、淘宝

用过的一次性相机基本没人要，商店唯一的选择是给点钱让人收走。所以，如果你好声好气地问店主要，他们可能会免费给你。

除了完美的闪光模块外，每台相机通常也会自带一个几乎未使用的 AA 或 AAA 电池。挑相机的话，最好找一组差不多的，如果来自一个厂家就最理想了（我拿走的那袋相机，最常见的牌子是富士，所以我的项目基本就是按照这个牌子设计的。其实，说明书应该都差不多，基本上什么牌子的一次性相机都能用）。另外，要找到那种拨一下开关，就能在拍摄时多次开闪光灯的，而不是那种需要你在每次拍摄之间，按一次闪一次的。例如，看看图 9-

2 前面的相机。它有一种机制可以保持闪光灯一直开启（见图底部中心）。

继电器扩展板是在网上购买的，当你把它连接到 Arduino，它将连接到 Arduino 引脚 4、5、6 和 7。如果你最后选用的继电器扩展板不同，只需检查它使用的数字 Arduino 引脚，并在 Arduino 程序中进行必要的更改就行了（请下面的"程序"）。

100Ω 电阻是用来给闪光灯模块里的大型高压电容器放电的，这样可以防止触电。它没有其他功能。

开始构建项目

图 9-3 显示了该项目涉及的接线。

图9-3　闪光干扰器一览图

每个一次性相机盒子的一边都有一根短短的双芯线。这些电线连接到内部的开关触点，用来触发闪光灯。我将在第 2 步～第 5 步中描述如何设置一个相机，其他几个照此办理就好了。

每根双芯线连接到继电器扩展板上的一对触点，以便 Arduino 可以独立触发每个闪光灯。

每个相机由 AA 或 AAA 电池为闪光灯供电，Arduino 和继电器扩展板则由插在直流孔上的 9V 电池供电。这使得本项目完全便携，你可以把它放在任何需要的位置，干扰僵尸，随时开溜。

第1步：对相机进行排序

首先，按类型对你的相机组进行分类。为方便起见，最好挑出 3 个一模一样的相机。我使用的模块都是富士的，虽然纸板包装上的品牌不同。

在此阶段不要试用相机的闪光灯！它会给相机的电容器充电。待会你拆相机的时候，可能会电到手指，要命的是，还蛮疼的。

第2步：去掉相机的顶壳

用过的一次性相机可能已经被拆过，因为洗照片时要取下35mm胶卷筒。处理照片的人也许速度很快，但未必一丝不苟，所以可能会有纸板和一些塑料留在上面。图9-4显示了将相机外壳拆开所涉及的步骤。

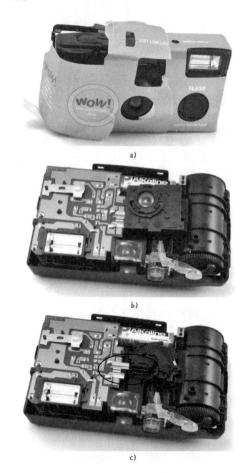

图9-4　拆卸相机

在此步骤中你有触电的风险，因此请注意不要触摸电路板或相机内的任何触点或电线。

首先，从相机机身上取下纸板（见图9-4a）。然后，使用带塑料手柄（起到绝缘作用）的平头螺丝刀分开固定相机两部分的塑料卡子。取下相机外壳的前半部分，露出印制电路板和镜头（见图9-4b）。现在取下镜头组件，如果万不得已，弄坏它也不打紧，因为你已经不需要它了。然后将会看到圆圈里的两个触点（见图9-4c），当它们碰在一起时，就会触发闪光灯。

第3步：确保相机不会造成伤害！

在你能确保相机模块不会造成伤害之前，请像对待一个小小的、邪恶的啮齿动物一样对待它。不要直接碰它。如果你需要移动或翻转它，用工具比如塑料笔碰它。否则，你可能会伤到自己，毕竟还有那么多僵尸要对付，你得保持最佳状态。

找到闪光灯模块的电容器。电容器应该是一个大的、带有两根引线的，连在印制电路板上的金属圆柱体。电容器负责存储闪光灯快速放电所需的所有能量。在图9-5中，整个闪光灯模块已从相机机身中取出，这样电容器就很容易看到了。但如果不想移除整个印制电路板，按照下面步骤给电容器放电也没问题。

图9-5　给电容器放电

要给闪光灯模块的电容器放电，首先请弯曲100Ω电阻器的引脚，让其与电容器的引脚间距差不多。用带绝缘手柄的钳子轻轻地夹住电阻器的主体，并用电阻器引脚触碰电容器引脚。如果电容器处于充电状态，你将会看到一个非常小的火花。将电阻固定1s左右，确保电容器真的在放电。

现在，通过测量电压来检查电容器是否放电完毕。将电压表设置为最大直流电压范围（电压范围需要为500V或更高）。如果剩下几伏就没关系，但如果你看到超过10V，那么用电阻器再放一会儿电。一旦电压低于10V，你就可以安全地操作印制电路板了，没有必要再担心了。

第 4 步：将引线连接到触发器触点

将约 15cm 的双芯线焊接到闪光灯触点上，如图 9-6 所示。在我用的相机里，有一个小巧的塑料片把两个触点分开。如果你的情况不是这样，那么你可能需要用电工胶布或者热缩管把触点分别包好，确保它们分开。

图 9-6　焊接到触发器触点的引线

第 5 步：重新组装并测试修改的闪光灯模块

重新安装相机的前盖，让双芯线穿过相机的一侧。如果你需要更多的空间让线弯曲穿出来的话，不妨用一对斜切刀在塑料盖上切出一个孔。

在处理其他两个相机之前，先测试下这个闪光灯。这些相机的触发器触点电压可能高达400V，为了安全起见，请使用带绝缘手柄的螺丝刀。

打开相机的闪光开关。你应该会看到充电灯或 LED 亮起来。闪光灯充电时，相机可能会发出呜呜声。这是电容器充电的声音。当你觉得充电完成后（或 10s 后），使用螺丝刀连接两个触发引线，如图 9-7 所示。

使用螺丝刀连接引线时，相机应该会闪光。万岁！说明这台相机准备好了。在继续执行第 6 步之前，请在其他两个相机上，重复第 2 步 ~ 第 5 步的工作。

第 6 步：将相机连接到继电器扩展板

在 Arduino 上安装继电器扩展板，确保所有的引脚与 Arduino 上的插座正确连接。

图 9-8 显示了相机如何连接到继电器扩展板。

继电器扩展版上的每个继电器都有三个带螺钉的端子：NO、COM 和 NC。当继电器

图 9-7　测试改造后的相机

图 9-8　将相机的引线连接到继电器扩展板的端子

未激活时，端子 NC 和 COM 连通，但是当继电器被激活时，COM 会连通到 NO。这意味着每个相机的引线需要单独与每个继电器的 COM 和 NO 连接。不过用哪个引线连哪个并不重要。

将相机连接到继电器时，请把 Arduino 的电池扣转接头插上，如图 9-9 所示。

图 9-9 将电池连接到 Arduino

在连接电池之前，你需要上传本项目程序，同时在编程时你也可以通过 USB 为 Arduino 供电。

程序

本书的所有源代码均可从 https://github.com/simonmonk/zombies/下载。

如果你还没来得及这么做，请访问这个链接并立即下载代码。如何上传 Arduino 程序的说明，请参阅附录 C.

本项目的 Arduino 程序名为 Project_15_Flasher，它存放在同名的源文件目录中。下面，我会带你一起看看这个程序。

首先，我们定义一个常量整数数组 flashPins：

```
const int flashPins[] = {7, 6, 5};
```

flashPins 数组定义了用于触发闪光灯模块的 Arduino 引脚名称。如果继电器扩展板采用的引脚不同，请更改这些引脚编号。

接下来，我们定义另外两个常量，你可以更改这些常量来调整闪光干扰器。

```
const long overallDelay = 20; // 秒数
const long delayBetweenFlashes = 1; // 秒数
```

overallDelay 这个常量设置每次闪烁间隔多少秒。默认设置为 20s。注意，这个延迟得足够长，保证相机内的电容器有足够时间充电。

delayBetweenFlashes 这个常量设置每个闪烁被触发的时间间隔。默认设置为 1s。注意两个常量都是长整型（long）而不是整数型（int）。这是因为整数型（int）常量最大值为 +/−32767，最大延迟时间为 32.767s，只用这么点时间用来干扰僵尸，你可不一定来得及逃脱。幸运的是，long 数据类型的最大值超过 +/−2000000。2000s，你能跑得足够远了！

现在我们来设置 setup 函数：

```
void setup()
{
  pinMode(flashPins[0], OUTPUT);
  pinMode(flashPins[1], OUTPUT);
  pinMode(flashPins[2], OUTPUT);
}
```

setup 函数将所有继电器引脚定义为 OUTPOUT。

定义好 pinMode 函数，我们就可以在 loop 函数中添加代码了：

```
void loop()
{
  flashCircle();
  delay(overallDelay * 1000);
}
```

loop 函数中会调用 flashCircle 函数，然后等待 overallDelay 定义的秒数，之后周而复始。我们现在来看看 flashCircle 函数定义：

```
void flashCircle()
{
  for (int i = 0; i < 3; i++)
  {
    digitalWrite(flashPins[i], HIGH);
    delay(200);
  digitalWrite(flashPins[i], LOW);
  delay(delayBetweenFlashes * 1000);
}
```

这个函数轮流给每个闪光灯引脚提供 200ms 长高电平脉冲，然后关闭它。在触发下次闪光灯前，有一个由 delayBetweenFlashes 值定义的间隔。delayBetweenFlashes 的值需要乘以 1000，因为在 Arduino 中，delay 函数使用的单位是 ms。

使用闪光干扰器

在将闪光干扰器的所有部件粘在一起之前，请先用如图 9-3 所示的部件进行测试。打开每个相机上的闪光灯开关，并将 9V 电池连接到电池夹。闪光灯应该会以 20s 为间隔依次闪烁。

当你知道你的 Arduino 可以触发闪光灯后，就可以将所有东西都粘在一起了，或者如果你乐意，也可以用热胶枪将其粘在一起。但注意，黏合后你得保证空间足够大，让你能方便打开电池盒更换电池。

为 Arduino 供电的小型 9V 电池能用大约四五个小时。如果你需要让干扰器用得久一点，可以参照图 9-10 提供的一些其他选项。

图 9-10　为 Arduino 供电的几种方案

一个 6 节 5 号电池盒的使用时间约为 PP3 9V 电池的 10 倍，但要待机时间更久，汽车蓄电池是终极选项，你可以用图 9-10 左侧的点烟器插孔适配器连接。但是，相机中的 5 号电池，最多只够几百次闪光用，所以如果你打算多次使用干扰器的话，比方说你住在一个僵尸密集的社区，你得多保留一组额外的电池。

我建议你多储备一些闪光干扰器，并且当你冒险出去寻找物资或侦察时，始终保证包里有一个完整的干扰器。然后，当你和杂货店之间被一群僵尸隔开时，只需设置一个干扰器，等着它吸引僵尸的视线，当僵尸离开后，你就可以悄悄溜进门里了。

你也许会想到把闪光干扰器与下一个项目结合使用，这样对付僵尸的效果是最棒的！

注意

> 此项目没有开关，所以当你不使用它时，请拔下 9V 电池并关闭相机的闪光灯开关，你也可以使用这样的在线电源开关（见 https://www.adafruit.com/products/1125/）。

项目 16：Arduino 动作和声音干扰器

还记得我们在"项目 11：安静的火灾报警器"中用过的烟雾报警器吗？在这个项目中，我们将使用烟雾报警器上拆下来的压电蜂鸣器，以及一个伺服电动机驱动挥舞的小旗，来制造很多令人分心的噪声和动作。

图 9-11 展示的是一个正在运作的项目。在项目旁边，我放了一个点烟器适配器，你可以用它连接汽车蓄电池，以替代 5 号电池组作为电源，这样的话可以撑得更久一点。

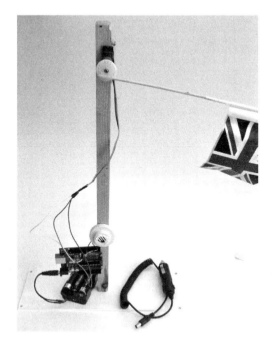

图 9-11 运动和声音干扰器示意图

材料清单

要制作此项目，你需要以下材料。

材　料	说　明	来　源
Arduino Uno	R3 版本 Arduino Uno	Adafruit、Fry's（7224833）、Sparkfun
6 节 5 号电池组	9V 电池包	Adafruit（248）
9V Arduino 电池线	带直流电源插孔和 9V 电池夹适配器	Adafruit（80）、淘宝
跳线	3 个公对公跳线	Adafruit（760）
100Ω 电阻	2W 或者 1/4W	Mouser（594-5083NW100R0J 或 293-100-RC）
排针	双向排针	Adafruit（392）、淘宝

材　料	说　明	来　源
伺服电动机	小型伺服电动机或者标准伺服电动机	Adafruit（155 或 196）、淘宝、电子市场
蜂鸣器	从项目 11 的烟雾报警器里面拆出的/或者其他高音量蜂鸣器	电子市场、烟雾报警器
木制竖杆（一个柱子或者杆子）		五金店
基座	木头和塑料做的，用来插竖杆	五金店
木头杆子和纸	做旗子用	家居用品店

本项目电源通过 Arduino 电池包供电，供电方式与"项目 15：Arduino 闪光干扰器"一样。

如果你只是想挥动一个小的、轻量级的小旗子，如图 9-11 所示，一个小型伺服电动机可以正常工作，但对于更大的东西，就得用上标准伺服电动机了。请注意，如果你使用更大的伺服电动机，你会发现 Arduino 可能因负载引起的电压下降而重启。在这种情况下，你可以用一个单独的 6V 电池组为伺服电动机供电。

另请注意，虽然本项目推荐使用"项目 11：安静的火灾报警器"中的烟雾报警器里拆出的蜂鸣器，但全新的蜂鸣器也完全没问题。

开始构建项目

图 9-12 显示了该项目的接线图。

清单中的公对公跳线将连接伺服电动机，插到 Arduino 的三个插孔上。把电阻器和一个蜂鸣器引脚通过用一对排针连起来，然后也插到 Arduino 中去。

第 1 步：从烟雾报警器盖中取出压电蜂鸣器

烟雾报警器的蜂鸣器一般是集成在烟雾报警器盖子里的。在这种情况下，不要去移除蜂鸣器，留在盖子上其实也能用。当然你也可以另外清理出一个蜂鸣器。如果蜂鸣器看起来会随时要掉下来的样子，如图 9-13 所示，那就把它拿掉，让整个项目整体更紧凑。

第 2 步：焊接排针、蜂鸣器和电阻器

检查蜂鸣器：你只需要两个蜂鸣器引脚，所以如果它有三个，请参阅"项目 11：安静的火灾报警器"中的内容计算出哪两个是你需要的。

当你搞清楚后，将 100Ω 电阻器焊接到一个蜂鸣器引脚上，焊在哪一个上都行。将电阻器的另一端焊接到一个排针上，蜂鸣器的另一个引脚焊到另外一个排针上。你可以使用热缩管或电工胶带来加固这些焊接点（参见附录 B 的"使用热缩管"）。图 9-14 中显示了是如何

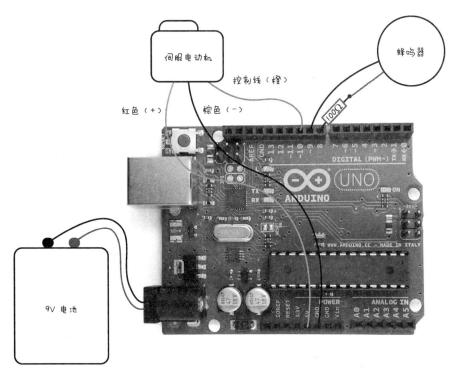

图 9-12　干扰器的接线图

图 9-13　从烟雾报警器盖上取下蜂鸣器

连接的。

第 3 步：测试蜂鸣器

接下来，我们将使用 USB 为 Arduino 供电来测试蜂鸣器。这一步将帮助我们找到蜂鸣器的最佳频率，使其尽可能发出最响的声音。

图9-14   焊接排针、蜂鸣器和电阻器

将排针插入 Arduino 引脚 8 和 9，哪排针插哪个引脚无所谓（见图 9-15）。

图9-15   将蜂鸣器连接到 Arduino

如果你还没有下载本书所有的程序，请转到 https://github.com/simonmonk/zombies/并下载 Project_16_Sounder_Test Arduino 这个程序。将此程序上传到 Arduino 上，然后打开串行监视器（见图 9-16）。这不是该项目的最终程序；这只是一个测试程序以帮助我们找到在主程序中使用的最佳频率值。

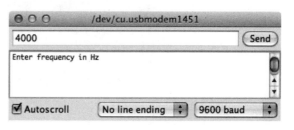

图9-16   用串行监视器设置频率

在输入字段中，输入 4000 并单击发送——这个数字代表蜂鸣器发出的声音频率。你应该听到一个持续 1s，非常响亮的那个频率的声音。试着输入不同的频率值来找到一个最高音量，它应该会在 4000 左右。

要是不想耳朵太难受，你可以将蜂鸣器翻转过来或覆盖声音出孔来进行一些消音。找到最佳频率后，记下值。

注意

当周围没有僵尸时，这么做绝对没问题。

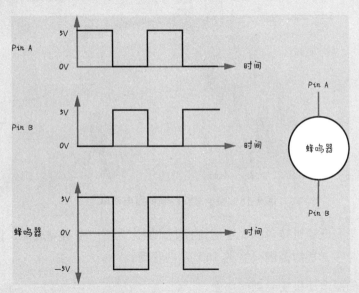

压电蜂鸣器

压电蜂鸣器（也称为发声器）包含的晶体，在电流通过时会改变形状。电流每秒变化数百次，然后引起晶体形状的变化，从而产生声波。虽然你可以通过将一根引线接到GND，并向另一根引线提供信号来驱动压电蜂鸣器，但通过使用两个 Arduino 输出可以在每个周期完全反转蜂鸣器的极性，从而获得更高的音量。图9-17 显示工作原理。

图9-17 使用 Arduino 在压电蜂鸣器上产生交流电压。引脚 A 和 B 是 Arduino 上的输出

当一个 Arduino 输出为高电平时，另一个为低电平，反之亦然。压电蜂鸣器上的极性完全反转，有效地允许蜂鸣器上的电压产生 10V 峰差，而不是切换一个引脚获得的 5V。

你的干扰器不会像原来的烟雾探测器一样响亮，它原理一样，但电压是 9V 而不是5V。但是，这样响也足够了。

第4步：做一面小旗

我的干扰器会挥动一面小旗，但你的未必需要。一旦你的伺服电动机可以动，你可以在上面附加任何会吸引僵尸注意力的东西。比如拿一块腐烂的肉，来做个对僵尸极具诱惑的诱

饵，或者如果你的伺服电动机足够强大，你可以连上一个被切断的手（当然只有在"末日"真正来临才行），让你干扰器更加栩栩如生。

假设你只是想挥动旗帜，图 9-11 提供了一个最简单的方式，折叠一张纸然后粘在木制杆子上。

第 5 步：将小旗连到伺服电动机上

伺服电动机通常配有一组转臂和一个固定螺钉，用于将转臂固定在电动机上。在这个项目中，我选择了轮形转盘，并用坚固的环氧树脂胶将杆子粘在上面（见图 9-18）。

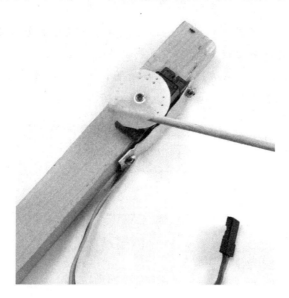

图 9-18　将小旗安装到伺服电动机上

暂时不要把伺服电动机转盘的固定螺钉拧上，因为在整个项目完成前，你需要调整伺服臂的位置，让它能在合适的范围（大约 160°）内移动。

第 6 步：将伺服电动机安装到底座上

为了把伺服电动机竖起来，我用了一段木头。

装伺服电动机前，请使用木锯或小型电动切割机在木头上切一个凹口。然后使用伺服电动机安装孔和一些小螺钉将伺服电动机固定到位。

来做个创造力的小练习吧，你试着找个最好的方法将电动机连接到你直立的高度。在这里，我使用一小块废铝将电动机固定在槽口中，用环氧树脂胶也可以。

现在，将立柱连接到底座上。我在一块亚克力板底板正面钻了一个小孔，并用螺钉固定木制立柱。你可能更喜欢将立柱直接固定到某些现有结构上，而不是使用独立式布置（具体怎么做你自己根据情况看着办）。

我使用 Arduino 安装孔和另外两个螺钉将 Arduino 固定到直立状态，但这完全是可选的。

同样地，我用一些胶水将蜂鸣器粘在立柱上（见图9-19）。

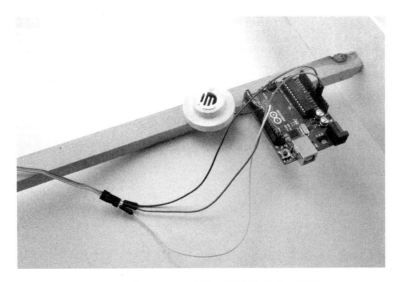

图9-19　将 Arduino 和蜂鸣器安装到直立位置

第7步：连接伺服电动机

伺服电动机有三根引线，终端是一个三孔插座：黑色（或棕色）引线为接地连接，红色引线为电源正极，第三个橙色（或黄色）引线为控制信号。

开始接线，请将三个公对公头连接头插入电动机的三孔插座。将电动机的橙色（或黄色）控制引线连接到 Arduino 的引脚 10。将黑色（或棕色）接地引线连接到 Arduino 上的一个 GND 端子。最后，将电动机的红色电源正极引线连接到 5V Arduino 引脚。请记住：如果你使用的是大型伺服电动机，那么你可能需要一个外部的 6V 电池组，如前面材料清单中所述。

程序

本书的所有源代码均可从 http://github. com/simonmonk/zombies/获取，以及该项目的 Arduino 程序名称是 Project_16_sound_movement。

立即下载并上传到你的 Arduino 上。如果你不知道怎么做，请按照附录 C 中的说明进行。

伺服电动机是 Arduino 应用中的常用设备，因此有一个内置的库，使其用起来更为方便。我们在程序字一开始导入了这个库。

```
#include <Servo.h>
```

这三个常量定义伺服电动机的行为，调整这些常数的值会改变伺服电动机的动作。

```
const int minServoAngle = 10;
const int maxServoAngle = 170;
const int stepPause = 5;
```

伺服电动机的运动范围为180°。常数 minServoAngle 和 maxServoAngle 将此范围限制在 10°~170°之间，而不是完整的 0°~180°，因为大多数伺服电动机都很难达到180°。

常量 stepPause 定义每个伺服电动机动作之间的延迟（以 ms 为单位）。如果你真的想吸引僵尸的注意力，减少这个值可让伺服电动机动得更快。

在下一段代码中，我们为每个使用的 Arduino 引脚定义常量。

```
const int sounderPinA = 8;
const int sounderPinB = 9;
const int servoPin = 10;
```

最后定义的常量 f，指定蜂鸣器频率。

```
const long f = 3800; // 使用 Project_16_sounder_test 查找 f
```

将 f 设置为蜂鸣器最响亮的频率，你应该在"第3步：测试蜂鸣器"中阅读过。

接下来，为了使用伺服电动机库，我们定义一个名为 arm 的 Servo 对象。

```
Servo arm;
```

在定义了所有常量和全局变量后，我们在 setup 函数中，添加一行初始化电动机的代码，并定义了用于蜂鸣器的两个引脚：

```
void setup()
{
  arm.attach(servoPin);
  pinMode(sounderPinA, OUTPUT);
  pinMode(sounderPinB, OUTPUT);
}
```

后面的 loop 函数调用两次 wave 函数来挥动小旗，然后调用 makeNoise 函数发出蜂鸣声。

```
void loop()
{
  wave();
  wave();
  makeNoise();
}
```

wave 函数会调用两次，以便来回摆动旗帜。如果这点动作还不足以引起僵尸注意的话，调用 makeNoise 函数发出蜂鸣声。运气好的时候，僵尸会误以为这是有脑子的东西发出的噪声和动作，然后一下子就中招了！

在程序的末尾，定义干扰器的函数。

```
void wave()
{
  // 从左到右剧烈挥动
  for (int angle = minServoAngle; angle < maxServoAngle; angle++)
  {
    arm.write(angle);
    delay(stepPause);
  }
  for (int angle = maxServoAngle; angle > minServoAngle; angle--)
  {
    arm.write(angle);
    delay(stepPause);
  }
}
```

wave 函数包含两个循环：一个循环以预先设定的速度将电动机从其最小角度移动到最大角度，而第二个循环则反向移动。

现在，让我们看看 makeNoise 程序。

```
void makeNoise()
{
  for (int i = 0; i < 5; i++)
  {
    beep(500);
    delay(1000);
  }
}
```

此函数包含一个循环，可以调用蜂鸣器五次。参数 beep 定义了声音的持续时间，以 ms 为单位（在本例中为 500ms）。在每次蜂鸣声之间有 1s 的延迟（1000ms）。

注意

如果一直用相同的值，可能会导致本地僵尸对你的干扰器的效果免疫，那么请试着调整参数 beep 的值或者 delay 函数的值。你甚至可以使用 Arduino 的 random（）函数来给出随机化数值。

beep 函数在两个蜂鸣器引脚上产生 AC 信号。

```
  void beep(long duration)
  {
❶  long sounderPeriodMicros = 500000l / f;
❷  long cycles = (duration * 1000) / sounderPeriodMicros / 2;
    for (int i = 0; i < cycles; i++)
    {
      digitalWrite(sounderPinA, HIGH);
      digitalWrite(sounderPinB, LOW);
      delayMicroseconds(sounderPeriodMicros);
      digitalWrite(sounderPinA, LOW);
      digitalWrite(sounderPinB, HIGH);
      delayMicroseconds(sounderPeriodMicros);
    }
  }
```

9 "僵尸" 干扰器 **143**

首先，我们使用频率 f 计算每个振荡的周期❶。结果再除以 2❷，因为我们真正想要的是交换引脚极性之间的持续时间，并且我们需要两个这样的时间来完成一次完整的振荡。

通过这样来分割周期，beep 函数就能正确计算出持续发出蜂鸣所需的总周期数。后面的 for 循环就可以用这个信息生成所需的脉冲。

使用运动和声音干扰器

本章制作的两个项目都不能受潮。为了给运动和声音干扰器遮风挡雨，你可以做个类似于小屋或遮雨棚的东西。如果你的作品是整体独立的，带盖的大塑料箱可以做到这一点。我相信你可以从最近的废弃的零售商店里找到一个。

只需切开箱子的一侧，确保僵尸可以看到和听到干扰器，将项目本身固定在盖子上，并将箱子顶部倒置。如果将这个箱子连接到杠杆和滑轮系统，你甚至可以待在基地的安全位置，就可以妥妥地将其降到地面，从而创造出一种新的运动：僵尸钓鱼。谁说在"灾难"面前你不能玩得开心呢？

当然，即使在"灾难"还没发生时，运动和声音干扰器也有很多用法，比如：

- 将它放在你堡垒薄弱点的对面，以吸引开攻击的僵尸，并给你时间加固你的堡垒。
- 在你的僵尸陷阱附近布置，以便将它们引进来。
- 悄悄放到邻居家的院子，以便在拯救幸存者过程中占得先机。

如果你想找到其他幸存者（无论是联合还是躲开他们），在下一章中，我们将介绍如何使用无线技术进行通信。

10

与其他幸存者沟通

在第 1 章中，我们讨论了当虚构和想象的"僵尸"漫布地球时，与他人合作的利弊。与他人合作当然很有价值：你们可以互相保护，分享知识，集中资源等等。

不过，其他人也可能会拿走你的东西，或者用你做挡箭牌来阻隔冲他们而来的气势汹汹的僵尸。如果你决定承担这个风险，并为你的同胞出把力，那么就开始制作本章的项目吧。

首先，我们将建立一个信号站，它可以广播 FM 收音机就能收到的语音信息，这样任何幸存者都可以通过扫描电波频段，接收到你的信息，无论这个信息是"远离！"还是"需要帮助，我被困在购物中心的屋顶！"。之后，你还将制作一个莫尔斯电码闪光灯，它会将你要发出的任何信息，转化为表示点和短画线（莫尔斯电码）的闪光。

当然，如果你想不时扫扫频段，接收信息，本章还将教你如何调整收音机接收器来搜索信号。这样，你可以一边低调潜伏，一边看看外面是否发生了值得广而告之的事情（见图 10-1）。

图 10-1　僵尸也爱听广播

项目 17：树莓派无线电发射器

树莓派是一种多功能设备，只要加载合适的软件，就可以摇身一变为 FM 无线电发射器。你需要的唯一额外硬件，就是一段用作天线的电线。

材料清单

这是一个全新的树莓派项目，所以你需要有一套包含完整的键盘、鼠标和屏幕的树莓派系统，如第 5 章所述。一旦发送无线电信号的程序启动并运行，你可以关闭屏幕省电，如果你乐意的话。

无线电发射器法律问题

如果你在"僵尸大灾难"之后阅读此内容，那么制造发射器将不会出现法律问题，因为那时没有任何政府可以执行这些规定。但是，如果你现在就在准备，那么该项目中的发射器将适用于为 FM 发射器制定的法律条款，就是用来连接车载 MP3 播放器的那种 FM 发射器。

只要有效范围为 60m 或更近，这些发射器在美国就是合法的。如果你使用全尺寸天线，此发射器将具有更广的范围。因此，为了遵守法律，请使用大约 7~10cm 的小天线。

为了保证应急服务使用的频率不受干扰，无线电波管制很有必要。不过本项目的发射器仅使用公共广播 FM 频段，所以最坏情况是，你的邻居收到了你的广播，而不是他们喜欢的广播电台。

要制造此项目，你需要以下材料。

材料	说明	来源
树莓派	树莓派 2、B 型或 B + 型	Adafruit（2358）、Fry's（8258726）
跳线	母对母型	Adafruit（826）
用作天线的电线	大约 1m 长的电线	

任何电线都可以用于发射器；只需检查你的再利用清单，找到那种能够放入母对母跳线的末端就行。

你可以将无线电发射器添加到现有的树莓派设备中去。

但是，为了获得最大的传输范围，你需要将发射器放在高处，所以我建议准备第二个树莓派。

跳线的长度无关紧要，只要能轻松连接树莓派 GPIO 引脚和天线就行。用作天线的那根电线应该能紧紧地插入母对母跳线的一端，并固定不动。你可能需要在天线上打个结，使其保持原位。

开始构建项目

要制造这个发射器，你需要做的就是将跳线的一端插入 Raspberry Pi 的 GPIO 引脚 4（见图 10-2），然后将天线导线插入跳线的另一端，并将另一端天线的末端固定到高点，将天线在垂直方向上尽可能往上拉。

图 10-2　安装天线

树莓派放得越高，传输范围越长。如果你有一座瞭望塔，那就再理想不过了。

用作天线的电线不一定要拉直。你会发现，用一些电气胶带缠绕在天线导线和跳线之间，可以有效防止天线脱落。天线加固好了，你的无线电发射器就造好了！

程序

我真希望声称，是我开发了这个精彩的软件。但我不能，因为它是由帝国理工学院机器人社区里的聪明小子开发的。在下面的链接中，你可以找到关于他们项目的所有信息 http://www. icrobotics. co. uk/wiki/index. php/Turning_the_Raspberry_Pi_Into_an_FM_Transmitter。

这个软件使用一个声音文件，在 GPIO4 号引脚上产生振荡，并用一种巧妙的方法生成

FM 载波和信号（参见频率调制的小栏目）。

要安装该软件，请在 Raspberry 上启动 LXTerminal 会话，并输入以下命令。

```
$ mkdir pifm
$ cd pifm
$ wget http://www.icrobotics.co.uk/wiki/images/c/c3/Pifm.tar.gz
$ tar -xzf Pifm.tar.gz
```

这些命令会创建一个待安装软件的目录，用 wget 下载软件，然后解压缩下载的文件，并放入新创建的目录中。

使用 FM 发射器

要测试 FM 发射器，你需要一个 FM 接收器（参见"项目 18：Arduino FM 无线电跳频器"）。你还需要找到一段未使用的频段，或至少只有微弱信号的频段。当然，"大灾难"之后这不算什么大事，但在"大灾难"前拥挤的电波频段情况下，这可是个挑战。用 FM 接收器，找到一个安静的频谱部分并记下频率。

在你录制更适合自己的声音前，你安装的软件自带一段星球大战主题的声音样本，它是用来测试发射器的。当然，这不是说音乐就不适合陪伴人类度过这场拯救自己的伟大战役了。

在 LXTerminal 中，用这个命令让你的发射器在指定频率播放声音。

```
$ sudo ./pifm sound.wav 103.0
```

你可以用的自己收音机接收器的频率，代替 103.0。

录制信息

要录制信息，你需要一台笔记本电脑和一个声音编辑软件。我推荐 Audacity，它可以免费用于 Windows、OS X、Linux 等系统。

小说和历史都告诉我们，一旦法律和秩序瓦解，种种恶行就会接踵而至。因此，在你准备录音之前，对要录的内容得深思熟虑。谁知道哪个角落里潜伏着拿着武器，准备窃取资源的不法分子呢。你可能希望在放松警惕前，将新来者引导到可以观察他们的地方，因此在录制广播时请记住这一点。

pifm 软件要求你以 16 位 44.1kHz 的采样率设置记录消息，然后将消息导出为 WAV 文件。在软件中，将 sound. wav 更改为新声音文件的名称，例如 my_message. wav。

频 率 调 制

频率调制（一般被称为 FM），是一种在非常高的载波频率上编码信号（在这种情况下是低频声音信号）的方法。随着信号波形的不同，声音信号频率会高于或低于载波频率。

图 10-3 显示了两个周期的声音信号（实线）叠加在更高频率载波上产生的广播信号（虚线），其频率随着声音信号的变化而变化。

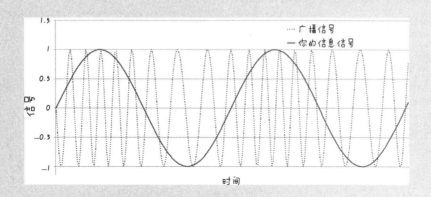

图 10-3 频率调制

当信号最大时，广播信号的波峰点相距最近。这意味着频率高于平均值。在波形的底部，当信号最小时，广播信号波峰点相距最远（频率低于平均值）。

以这种方式，低频声波被编码到高频载波上。当该信号到达 FM 收音机接收器时，接收器中的电路从载波信号中，提取原始的低频音频。

自动运行信号发射器

为了尽可能让其他幸存者能发现你发出的信息，请全天重复此广播。你可以使用名为 crontab 的 Linux 工具自动配置 Raspberry Pi。crontab 实用程序允许你指定一天中的特定时间运行程序。

在 LXTerminal 中输入以下命令：

```
$ sudo crontab -e
```

这将使用 nano 编辑器打开配置文件，如图 10-4 所示。

向下滚动到文件末尾并添加以下行：

```
*/3 * * * * /home/pi/pifm/pifm /home/pi/pifm/sound.wav 101.0
```

该行（*/3）的第一部分确定了发送信号程序的频率：每周 7 天，每天 24 小时，每 3 分钟运行一次。如果你使用不同的声音文件或频率，则需要将 sound.wav 替换为你的文件名并输入你选择的频率。如果你的消息超过 3 分钟，请将 */3 更改为你需要的分钟数。此配置只需设置一次，就会一直有效，哪怕树莓派重新启动。

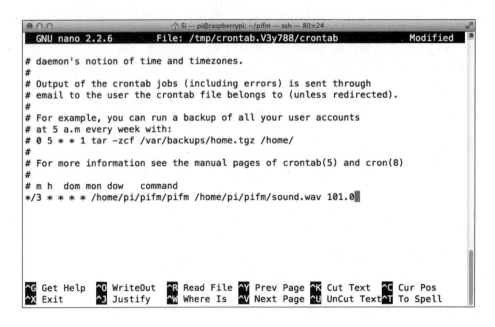

```
● ● ●                    ⌂ Si — pi@raspberrypi: ~/pifm — ssh — 80×24
   GNU nano 2.2.6          File: /tmp/crontab.V3y788/crontab          Modified

# daemon's notion of time and timezones.
#
# Output of the crontab jobs (including errors) is sent through
# email to the user the crontab file belongs to (unless redirected).
#
# For example, you can run a backup of all your user accounts
# at 5 a.m every week with:
# 0 5 * * 1 tar -zcf /var/backups/home.tgz /home/
#
# For more information see the manual pages of crontab(5) and cron(8)
#
# m h  dom mon dow   command
*/3 * * * * /home/pi/pifm/pifm /home/pi/pifm/sound.wav 101.0█




^G Get Help    ^O WriteOut    ^R Read File   ^Y Prev Page   ^K Cut Text    ^C Cur Pos
^X Exit        ^J Justify     ^W Where Is    ^V Next Page   ^U UnCut Text  ^T To Spell
```

图 10-4　安排广播时刻表

项目 18：Arduino FM 无线电跳频器

当"僵尸大灾难"来袭，抱团取暖会增加你的生存机会，嗯，得假设没有人被咬伤过，并且变成僵尸。在你放人进来之前，请确保每个人都被仔细检查过，看看有没有被僵尸感染过的伤口！

不可避免地，你需要时间睡觉以及寻找资源，如果这时没人做你坚强后盾，你将不堪一击（更不用说，你会因为缺乏人际交往，而慢慢变得疯狂，你曾经认为僵尸很疯狂）。因此，多几个同伴做帮手，对你一定很有帮助。其他幸存者群体也许已经在通过广播互相联系了，就像我们现在一样。事实上，另一组人可能利用了本书并制作了项目 17 的 FM 发射器。要找到他们，你只要能收到他们传输的信号就成。

本项目（见图 10-5）采用便宜的 FM 接收器，通过改造，使其能自动扫描 FM 频段并找到下一个电台。如果有人开始使用 FM 进行传输，并创建一个电台而不是空白电波的嘶嘶声，你将听到他们的广播。Arduino 可以模拟收音机接收器上的调谐按钮。

材料清单

要制作此项目，你需要以下材料。

图 10-5　FM 收音机跳频器

材　料	说　明	来　源
Arduino	Arduino Uno R3	Adafruit、Fry's（7224833）、Sparkfun
FM 收音机	简单的低成本耳机式 FM 收音机	电子市场
有源音箱		电器卖场
音频线（aux 接口）	将收音机连接到有源音箱	
红色 LED	2 个红色 LED	Adafruit（297）
桶形插头	带飞线的直流电源插孔、12V 点烟器适配器，适用于 5V USB 适配器和引线	Adafruit（80）、淘宝
直角排针	12 引脚直角排针	淘宝

我们使用直角排针而不是直头排针，因为直角排针上导线和元器件焊接起来更容易。

找一个 FM 收音机，它得有一个电台调谐按钮和一个 FM 波段搜索复位按钮。我用的收音机售价不到 2 美元，包括入耳式耳机。

Arduino 和扬声器都需要电源。虽然我建议使用桶形插头，但你用 USB 端口为 Arduino 供电也没问题。到目前为止，你应该很容易发现，用 12V 电池为低压设备供电最方便不过了。

开始构建项目

该项目假设你的收音机用的是 SC1088 芯片。这种极低成本的芯片用于大多数非常便宜的收音机设备中，它们似乎就用了芯片数据表中规定的参考设计，只需在线搜索"SC1088数据表"，你应该在前几个结果中找到 PDF 格式说明文档。接线图如图 10-6 所示。你会看到 Arduino 由 DC 插孔供电，用 USB 端口供电同样也没问题。

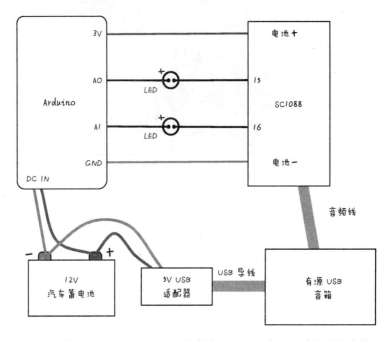

图 10-6　接线图（SC1088 芯片上的数字 15 和 16 表示芯片的引脚编号）

SC1088 芯片的"调谐"和"复位"引脚可以用来连接瞬时型按钮，最后接入 3V 电源电路。你可以在数据表的参考原理图中找到这项配置。当按钮没有将输入引脚接电时，它们会通过芯片内部设置的可变电阻下拉到地。当我们想要模拟按钮按下时，我们可以通过将这些引脚连接到 3V，来模拟按钮的功能，并且当我们想要模拟等待按下的按钮时，只要使引脚保持浮动（不被驱动为高电平或低电平）。为了使引脚浮动，我们可以将驱动它的 Arduino 引脚设置为输入。当用作输入时，I/O 引脚处于"高阻抗"的状态，这意味着引脚看起来像是连接到任何东西的开路状态一样。

为了将 Arduino 输出引脚的 5V 转换为 3V，我们在 Arduino 引脚和 SC1088 之间放置红色 LED。它们将 5V 降至约 3.3V，与提供给芯片的电压相同。当芯片激活时，LED 也会发出微弱的亮度，可以让你知道项目何时运行。

第 1 步：拆开收音机

首先，将收音机拆开。怎么拆，取决于你的收音机是如何组合在一起的。对我来说，我只是松了两个螺钉，整个东西就分开了。图 10-7a 显示了收音机的原始状态，图 10-7b 显示了外壳移除后的状态。

a)

b)

图 10-7　将收音机拆开

取出纽扣电池，因为我们将使用 Arduino 为收音机供电。

第 2 步：确定连接点

现在我们需要确定连接电线和 LED 引线的点。图 10-8 显示了收音机电路板的下半部分。

首先确定扫描和复位开关的位置。这些引脚呈矩形分布。引脚都是成对连接的，因此标记为 A 的两个焊点实际上都是连接的，标记为 B 的点也是如此。

A 引脚连接的是复位按钮。如果你沿着 PCB 上的线路找，你将发现其中一个 A 引脚连接到 SC1088 的引脚 16（IC 引脚逆时针编号为 1 ~ 16，引脚 1 旁边的 IC 封装上有一个小点）。

沿着 B 引脚的线路，你可以看到一个 B 引脚连接到 SC1088 的引脚 15。这是我们用于扫描下一个电台的连接点。

如果你发现很难看到线路的走向，那么请使用万用表，将其设置为连续性模式以识别引脚。将一个探头按到你想找的 IC 引脚（15 或 16），然后用另一个探头尝试连接到不同的开关上，直到万用表上的蜂鸣器发出响声。

接下来，找到从 Arduino 为收音机供电的两个连接，它们对应于 PCB 上的电池座连接。

收音机采用的 3V 电池具有负极连接点（C）和正极连接点（D）。

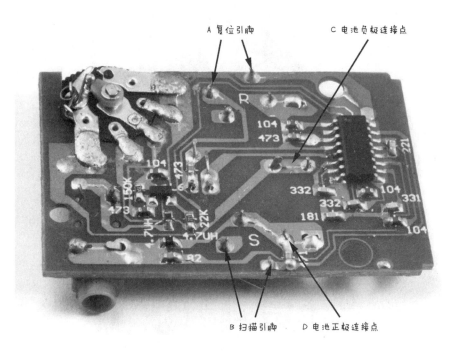

图 10-8　收音机 PCB

第 3 步：连接排针

我在这里建议使用一个直角的排针，因为它焊接到电线更容易，但是常规的标头排针也能用。切断 12 个引脚宽度的排针，将它们连接到 Arduino 3.3V 引脚至 A5 引脚（见图 10-9）。

图 10-9　Arduino 插头引脚

其中一个引脚因为位于两个排母之间，是悬空的，与任何东西都没有连接。

第 4 步：将收音机连接到 Arduino

图 10-10 显示了连接到 Arduino 的收音机。使用短导线将 Arduino 3.3V 引脚连接到你之前确定的电池正极连接点 D，将 Arduino GND（无论哪一个）连接到 C 点，就是原来的电池负极连接点。将一个 LED 的正极（较长）引脚连接到 Arduino A0 引脚，将同一个 LED 的负极引脚连接到 B 点。同样方式将另一个 LED 连接到 Arduino A1 引脚和收音机 PCB 上的A 点。

图 10-10　连接到收音机的 Arduino

第 5 步：将所有东西连在一起

最后，将有源音箱插入收音机的音频插孔。你可以先使用耳机进行测试。收音机使用耳机或音频线作为天线，要获得比较好的结果，长达 1m 左右的引线比较短的引线效果好。

程序

本书的所有源代码均可从 http://github.com/simonmonk/zombies/获取。有关安装 Arduino 程序的说明，请参阅附录 C。

本项目的 Arduino 程序名为 Project_18_Scanner，现在我将引导你完成它。

程序首先定义几个常量：

```
const int scanPin = A0;
const int resetPin = A1;const int pulseLength = 1000;
const int period = 5000;
const int numStations = 5;
```

scanPin 和 resetPin 常量定义了我们将要使用的两个 Arduino 引脚，pulseLength 常量定义了模拟按钮按下的时间。扫描按钮需要按下整整 1000ms（1s），才能让收音机扫描下一个电台，而不是简单地将频率向上移动一格，当然这可能因你的收音机而异。

period 常量告诉 Arduino 多久（以 ms 为单位）暂停一次，这样你就有时间注意到你是听到传输信息还是白噪声。

接下来，我们定义一个全局变量：

```
int count = 0;
```

count 变量，用于跟踪在重新调整到 FM 波段开始之前要进行的扫描次数。

Setup 函数首先将两个引脚初始化为 INPUT 模式（尽管我们将看到，这个程序是有点特别，因为它在第一次初始化后，改变了引脚的模式）。

```
void setup()
{
  pinMode(scanPin, INPUT);
  pinMode(resetPin, INPUT);
}
```

loop 函数是我们实际扫描频率的地方：

```
void loop()
{
  delay(period);
  pinMode(scanPin, OUTPUT);
  digitalWrite(scanPin, HIGH);
  delay(pulseLength);
  pinMode(scanPin, INPUT);
  count ++;
  if (count == numStations)
  {
    count = 0;
    pinMode(resetPin, OUTPUT);
    digitalWrite(resetPin, HIGH);
    delay(pulseLength);
    pinMode(resetPin, INPUT);
  }
}
```

首先，loop 函数先等待了一段时间（由常量 period 指定）。然后，该函数向扫描引脚发送 pulse 常量指定的时间，开始扫描。扫描结束后，引脚恢复到 INPUT 状态。

随后 count 变量开始递增，当它达到 numStations 中指定的最大值时，一个脉冲被发送到复位引脚，以便再次从 FM 频段的开头开始扫描。在测试期间，将 numStations 设置为 5，方便你检查项目是否正常工作，以及查找不同的电台。然而，在"僵尸大灾难"之后，电视广播频段应该是空的，所以你可能想要将这个数字减少到 1，因为你碰到的任何信号都是幸存者（或者可能是聪明的僵尸）传播的。如果你发现任何你想要忽略的传输信号，例如你前任老板的遇险信号，或者是莫名其妙地学习人类语言基础的僵尸，请将 numStations 更改为比你想要忽略的工作站数量多一个的值。

使用无线电扫描仪

当你第一次打开扫描仪时，你应该只能听到静电声。大约 5s 后，连接扫描端口的 LED 会变暗，并且收音机开始扫描第一个电台。再过 5s 后，它将继续前进到下一个电台，依此类推，直到找到一个人类朋友为止。记住：安全在于质量，而不是成群结队。

项目 19：Arduino 莫尔斯电码发射器

莫尔斯电码是一项 19 世纪的发明，它允许你使用一系列长或短的光或声脉冲来发送信息。字母表中的每个字母由点和短画线组成，其中点是短脉冲，短画线是长脉冲（比点长三倍）。例如，字母 z 表示为

```
z

 --..
```

僵尸这个词就是这样的，

```
zombie

--..   ---   --   -...   ..   .
```

对于更常用的字母，莫尔斯电码使用较短的破折号和点序列，因此"e"作为英语中最常用的字母，只是一个点。如果你有兴趣，可以在线搜索完整的莫尔斯电码，不过本项目中的软件会将你的信息翻译成莫尔斯电码。看一下莫尔斯电码表的代码。

这个基于 Arduino 的项目使用 12V LED 灯，就像你在"项目 3：LED 照明灯"中使用的那样，向可视范围内的任何其他幸存者发送消息。它在晚上特别有效。图 10-11 显示了完成的项目。

材料清单

要制作此项目，你需要以下材料。

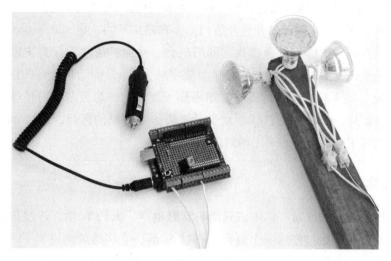

图 10-11　莫尔斯电码发射器

材　　料	说　　明	来　　源
Arduino	Arduino Uno	Adafruit、Fry's（7224833）、Sparkfun
Screwshield 扩展板		Adafruit（196）
1kΩ 电阻		Mouser（293-1k-RC）
MOS 管	型号：FQP33N10	Adafruit（355）
MR16 LED 灯	12V，3W	电子市场
MR16 灯头插座	带引线的插座	电子市场
接线端子	2 路接线端子	电子市场
9V Arduino 电池接线	直流电源插孔带飞线或 12V 点烟器适配器	直流电源
电线	电铃线（或其他类型电线）	

　　最好在这个项目中使用新的 Arduino 和 Screwshield 扩展板，因为它远离你的主要装置，而且你以前的项目的 Screwshield 扩展板现在可能已经很满了。该项目将由其自己的太阳能电源和电池供电（请参阅"项目 1：太阳能充电器"）。

　　我使用了三个 LED 灯，但如果你想要更多的灯，批量复制即可。用于开关灯的晶体管能够切换高达 20W 的功率，但只有一个散热器，因此你的总功率应保持在 10W 以下。如果你制作了"项目 3：LED 照明灯"，我会使用与项目 3 相同的 LED。

开始构建项目

Screwshield 扩展板布局和接线示意图如图 10-12 所示。

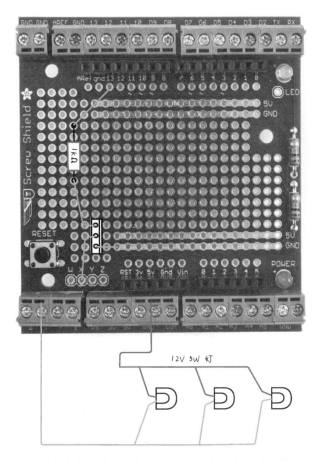

图 10-12 莫尔斯电码发射器的 Screwshield 扩展板布局和接线示意图

第 1 步：组装 Screwshield 扩展板

按照附录 C 的"组装扩展板"中的说明组装 Screwshield 扩展板。

第 2 步：将组件焊接到 Screwshield 扩展板上

你只需为该项目焊接两个元器件：电阻器和金属-氧化物-半导体场效应晶体管（MOS-FET）。MOSFET 非常适合快速切换相当高功率的负载。

根据电路原理图将电阻器和 MOSFET 焊接到位。焊接 MOSFET 时，请确保将其金属片朝向右侧（见图 10-12）。当元器件焊接到位时，应如图 10-13 所示。

第 3 步：连接 Screwshield 扩展板的底面

将组件固定到位后，使用多余的引线在下侧进行连接（见图 10-14）。在焊接连接到 Arduino 13 引脚的电阻的引线之前，做一些绝缘处理，以防止和 5V 及 GND 上的线路短接。

图 10-13　Screwshield 扩展板的顶部

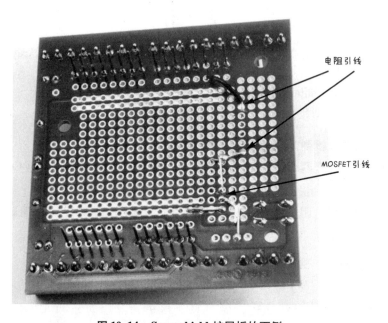

电阻引线

MOSFET 引线

图 10-14　Screwshield 扩展板的下侧

第 4 步：连接灯

如果你想简单点，你可以使用一个 LED 灯。但是，为了更容易让人看到，请连接几个 LED 灯并将它们指向不同的方向（见图 10-15）。

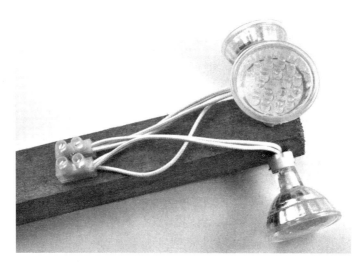

图 10-15　灯组件

在图 10-15 中，我将三个灯座固定在一块木头上，并将所有三个 12V LED 灯连接到接线端子上。这种类型灯上的电路允许电线以任何方式连接，但如果你的模块上带有 + 和 – 标记的极性，则需要确保所有 + 连接点都连接到一个接线端子的同一端，而 – 连接点都连接到另一端。灯座上有孔，可以方便使用螺钉固定在木头上。

第 5 步：最终布线

使用一些电铃线或其他电线将灯组件连接到 Screwshield 扩展板上的 X 和 V$_{IN}$ 端子。有绞线最好，因为它不易断裂。只要你需要，线能做多长就多长（但是在 15m 以上，可能会降低一些亮度）：你可能希望将灯泡组件放在户外高处，这样人们更容易看到你的信息，同时可以让 Arduino 保持在安全地方。记得要对灯泡组件进行防水——将其密封在一个透明的塑料袋中就可以了。

要将电源连接到 Arduino，请使用点烟器适配器或使用鳄鱼夹的定制导线和带飞线的桶形插头将 Arduino 连接到 12V 太阳能电源或电池。请注意，此项目需要 12V 的灯泡，因此你不能使用 5V USB 线为 Arduino 供电。

程序

本书的所有源代码均可通过 http://github.com/simonmonk/zombies/ 获取。有关安装 Arduino 程序的说明，请参阅附录 C。本项目的 Arduino 程序名为 Project_19_Morse_Beacon。

该程序使用了 Arduino 的内置 EEPROM 库。每次更改时，莫尔斯电码消息都存储在 EE-PROM 中，这意味着，即使 Arduino 的电源中断，发射器也能记住该消息。该草图还利用了 Arduino 社区中名为 EEPROMAnything 的库，这使得更容易保存和读取 EEPROM。EEPRO-MAnything 的代码包含在此项目的程序中，因此无须单独下载。

首先，我们加载官方的 Arduino EEPROM 库和 EEPROMAnything：

```
#include <EEPROM.h>
#include "EEPROMAnything.h"
```

接着定义一些常量，用于项目控制：

```
const int ledPin = 13;
const int dotDelay = 100; // milliseconds
const int gapBetweenRepeats = 10; // seconds
const int maxMessageLen = 255;
```

控制 LED 的引脚在 ledPin 中指定。常量 dotDelay 以 ms 为单位，定义代表点的闪光的持续时间。短画线闪光时间始终是点的三倍。

常量 gapBetweenRepeats 以 s 为单位，指定每次重复消息的间隔时间，而 maxMessageLen 规定消息的字母的最大长度（而不是点和短画线的长度）。之所以要指定最大长度，是因为在 Arduino 代码中，你必须声明数组的大小。

使用了两个全局变量：

```
char message[maxMessageLen];
long lastFlashTime = 0;
```

message 变量包含要转换为闪光的消息的文本，lastFlashTime 变量会跟踪消息上次闪烁的时间，从而确保每次重复发送时有间隔。

两个全局字符数组用于包含莫尔斯电码的点和短画线序列。该程序将只闪现它知道如何发送的字符，即字母、数字或空格字符。消息中的所有其他字符都将被忽略。

```
char* letters[] = {
  ".-", "-...", "-.-.", "-..", ".", "..-.", "--.", "....", "..",    // A-I
  ".---", "-.-", ".-..", "--", "-.", "---", ".--.", "--.-", ".-.",  // J-R
  "...", "-", "..-", "...-", ".--", "-..-", "-.--", "--.."          // S-Z
};

char* numbers[] = {"-----", ".----", "..---", "...--", "....-", ".....",
"-....", "--...", "---..", "----."};
```

setup 函数将 ledPin 设置为 OUTPUT，然后用 Serial. begin 命令启动串行通信。

```
void setup()
{
  pinMode(ledPin, OUTPUT);
  Serial.begin(9600);
  Serial.println("Ready");
  EEPROM_readAnything(0, message);
```

```
  if (! isalnum(message[0]))
  {
    strcpy(message, "SOS");
  }
  flashMessage();
}
```

串行通信一般用来设置一个新消息，要么通过 Arduino IDE 的串行监视器，要么如下一节"使用莫尔斯电码发射器"中所示那种在 Raspberry Pi 上运行的终端程序。

每次更改消息时，它都会保存在 EEPROM 中，因此在设置过程中，程序会从 EEPROM 中读取所有存储的消息。如果未设置任何消息，则 setup 中的 if 语句将默认消息设置为 "SOS"。最后，在 flashMessage 中，setup 函数会首次闪烁消息。

loop 函数首先检查是否已通过串行连接发送新消息：

```
void loop()
{
  if (Serial.available())      // 有什么要从USB读取的吗?
  {
    int n = Serial.readBytesUntil('\n', message, maxMessageLen-1);
    message[n] = '\0';
    EEPROM_writeAnything(0, message);
    Serial.println(message);
    flashMessage();
  }
  if (millis() > lastFlashTime + gapBetweenRepeats * 1000L)
  {
    flashMessage();
  }
}
```

除非读到换行符（\n），否则任何新消息程序都来之不拒，并将其写入消息字符数组。消息的末尾会添加空字符 '\0'，Arduino 用其来标识一串字符结束。整条消息读完后，程序会将其保存到 EEPROM（EEPROM_writeAnything）中，然后新消息将被立刻转化为闪光。

loop 函数的其余部分负责检查：重复发送消息前，是否已经过了足够久的时间。这个功能也可以通过 delay 函数更简单地完成，但如果延迟期间到达新消息，则使用 delay 函数的话将无法中断循环。

flashMessage 函数是程序中最复杂的函数。

```
void flashMessage()
{
  Serial.print("Sending: ");
  Serial.println(message);
  int i = 0;
  while (message[i] != '\0' && i < maxMessageLen)
  {
    if (Serial.available()) return;  // 新消息
```

```
      char ch = message[i];
      i++;
      if (ch >= 'a' && ch <= 'z')
      {
        flashSequence(letters[ch - 'a']);
      }
      else if (ch >= 'A' && ch <= 'Z')
      {
        flashSequence(letters[ch - 'A']);
      }
      else if (ch >= '0' && ch <= '9')
      {
        flashSequence(numbers[ch - '0']);
      }
      else if (ch == ' ')
      {
       delay(dotDelay * 4);        // 单词之间的时间间隔
      }
    }
    lastFlashTime = millis();
}
```

flashMessage 函数首先回显它即将发送的消息，以确保它正在发送你想要的消息。然后它循环遍历消息中的每个字符。在发送每个字符之前，它使用 Serial. available 来检查是否有新消息。如果有新消息进入，该功能将停止发送消息，以便从你的计算机或 Raspberry Pi 接收新消息，然后它开始发送新消息。

flashMessage 函数确定字符是大写字母、小写字母、数字还是空格字符，然后执行相应的操作。

如果字符是小写字母，则字母数组中保存的点和短画线的索引位将作为输出提供给 flashSequence 函数，然后转化为闪烁的点和短画线。其他情况处理方式一样。

最后，当整个消息发送完毕后，lastFlashTime 变量被设置为当前时间。这样，需要再次开始发送闪烁消息时，loop 函数可以知道是不是时候。

flashSequence 函数负责闪烁特定字符的点和短画线的顺序。

```
void flashSequence(char* sequence)
{
    int i = 0;
    while (sequence[i] != NULL)
    {
        flashDotOrDash(sequence[i]);
        i++;
    }
    delay(dotDelay * 3);    // 字母间隔
}
```

flashDotOrDash 函数会遍历每个点或短画线。

```
void flashDotOrDash(char dotOrDash)
{
  digitalWrite(ledPin, HIGH);
  if (dotOrDash == '.')
  {
    delay(dotDelay);
  }
  else // 为 "-"
  {
    delay(dotDelay * 3);
  }
  digitalWrite(ledPin, LOW);
  delay(dotDelay); // 闪烁间隔
}
```

flashDotOrDash 函数也负责对点或短画线给出适当的延迟时间。

使用莫尔斯电码发射器

将程序上传到你的 Arduino 并启动项目。默认消息应该开始闪烁。如果没有，请返回并检查所有接线。要更改消息，请将 Arduino 连接到计算机，打开 Arduino IDE 上的串行监视器，然后键入新消息（见图 10-16）。

图 10-16　使用串行监视器更改消息

比如这里，当按下发送按钮时，当前消息"此处有幸存者"应该更改为"关注僵尸"。如果你更喜欢使用 Raspberry Pi 更改消息，请安装终端程序屏幕（你的 Raspberry Pi 将需要 Internet 连接）：

`$ sudo apt-get install screen`

安装完 screen 命令后，在 Raspberry Pi 和 Arduino 之间连接 USB 导线，然后在 Raspberry Pi 上输入以下命令：

`$ screen /dev/ttyACM0 9600`

此时，你键入的任何内容都应发送到 Arduino 上，并且来自 Arduino 的任何消息都应被显示。图 10-17 显示了，使用 screen 命令更改的消息。请注意，在你键入时，屏幕上不会显示该消息，只有在你按 Enter 键后才会出现该消息。

Arduino 会记住消息的变化，所以之后你可以拔下 Arduino，准备安装了。拔掉 Arduino 将退出 screen 命令，并关闭与 Raspberry Pi 的串行连接。

现在只需将本项目安装到你想要的位置，最好是具有 360°可视度的位置，然后开始闪

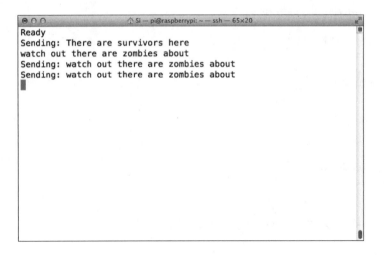

图 10-17　使用 screen 命令更改消息

烁你的信息。图 10-18 显示了固定在我的防僵尸棚上的项目。

图 10-18　安装莫尔斯电码发射器

如果你想节省电力，请只在晚上使用你的发射器，因为那时最有可能被发现。但要注意：由于目前流行的文化非常混搭，僵尸是否也会被闪光灯吸引还不确定。所以在发送消息之前，你可能需要加强你的堡垒，以防万一。

在第 11 章中，我们将继续以"通信"为主题。

对于本书的最终项目，我们将构建一对触觉通信设备，允许你和幸存者同伴进行静默通信，而不会让僵尸警觉你的存在。

触感通信

如果你外出寻找供给，那么你绝对想要使用这个安静的通信设备，它采用振动蜂鸣器和无线电模块来进行双向通信。通过最后这个项目，你可以在不引起不必要注意的情况下完成通信。

项目 20：用 Arduino 实现静默的触觉通信

对讲机的问题在于，顾名思义，你需要开口说话，但是僵尸们对人类的语音非常敏感并且很容易在你拼命尖叫着呼叫支援的时候闯入你家中。这就体现了一个静默的双向触感通信设备存在的价值（见图 11-1）。

触感只是一种对"与触摸有关"的花哨说法，本项目中你构建的设备会像你的手机一样振动，而不会制造噪声。你需要制作一对儿这样的设备，其中一个就像在图 11-2 中显示的一样。

每个设备都有一个按钮开关和一个小型振动电机（你可以在手机中找到它）。当你按下一个听筒上的按钮时，它会使另一个听筒上的振

图 11-1 "如果迹象表明是'按下引起注意'，那可不是我想要的结果！"

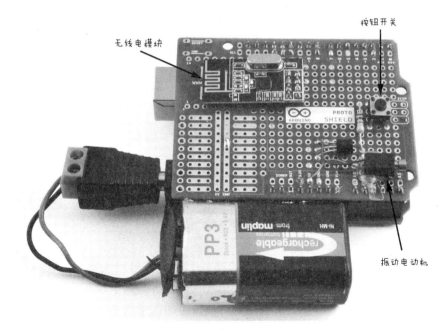

图 11-2　一个独立的触感通信设备

动电动机振动，反之亦然。整个装置由 9V 电池供电。

　　然后，当你外出时，你可以使用一组预先商量好的暗号与你的同伴取得联系：一个简短的振动意味着"我很好"；一个长时间的振动意思是："快来救我，我快被吃掉了！"同时在你平时空闲的时间里，你甚至可以牢记你在"项目 19：Arduino 莫尔斯电码发射器"中使用的莫尔斯电码来发送更详细的消息。

材料清单

　　要制作这对触感通信设备，你需要以下材料。

材　　料	说　　明	来　　源
Arduino	2 个 Arduino Uno R3	Adafruit、Fry's（7224833）、SparkFun、淘宝
Protoshield 扩展板	2 个 Arduino Protoshield 扩展板	淘宝（Arduino code：A000077）
排针	需要 64 个针脚（用于两个手持设备）	Adafruit（392）、淘宝
9V 电池导线	2 个 Arduino 9V 电池导线	Adafruit（80）、淘宝
9V 电池	2 节 PP3 电池	五金店、淘宝
R1	2 个 1kΩ 电阻	贸泽电子（293-1k-RC）、淘宝

材　　料	说　　明	来　　源
晶体管	2 个 2N3904 NPN 双极晶体管	Adafruit（756）、淘宝
振动电动机	2 个 5V 或 3V 振动电动机	淘宝
触摸开关	2 个触摸开关	Adafruit（504）、淘宝
射频模块	2 个 NRF24 RF 模块	淘宝
各种连接线	绞线	淘宝
导线	用于 PCB 连接的绝缘线	淘宝

你可能还想将你的通信器封装在塑料盒中来保护它们，以避免其不小心短路或者弄坏它们。如果你决定这么做，那么你需要找到足够大的东西来容纳 Arduino、Protoshield 扩展板和电池。它还需要打个孔来方便添加一个开关。

在电子方面，这可能是迄今为止最复杂的项目了，在"僵尸大灾难"之后你可能很难找到所有部件，因为有些像振动电动机和射频模块这些最好从网上购买。所以现在就来做这个项目，在快递到家之前。微型振动电动机也可以从废旧的手机中拆下来。

开始构建项目

这些说明将告诉你如何制作一个触感模块，图 11-3 显示了一个通信器的原理图。当然，要与其他人通信，你需要制作两个设备。

Arduino 的 2 号引脚将被设置为数字输入，并启用内部上拉电阻，连接到按钮 S1。当按下按钮时，Arduino 将控制 NRF24 无线电模块向另一个无线模块发送消息，激活它并使其电动机振动，引起人的注意。

振动电动机由 Arduino 的 D5 引脚控制。我们使用晶体管（T1）来驱动电动机振动，因为电动机起动使用的电流大于 Arduino 的引脚能够输出的最大电流，并且使用 5V 电源是因为 3V 电源无法提供足够的电流。D5 引脚作为模拟输出控制，然后通过软件管理振动级别，使设备尽可能保持安静；这也可以防止电动机烧坏，因为大多数振动电动机都是 3V 而不是 Arduino 通常使用的 5V。

请注意，严格来说，电动机应配备一个二极管，以保护 Arduino 免受电动机电流尖峰的影响，但对这些微型电动机中的一个进行测试表明，Arduino 电源两极上只增加了极少量的电流噪声。因此，为了保持简单，省略了普通二极管。

该项目使用的是 Protoshield 扩展板而不是本书中大多数项目中使用的 Screwshield 扩展板。Protoshield 扩展板就像一个 Screwshield 扩展板，但没有螺钉和螺母，因此更小，更便宜。

第 1 步：组装 Protoshield 扩展板

Protoshield 扩展板有时会附带一整套额外的组件，例如复位开关和插头引脚，但对于本

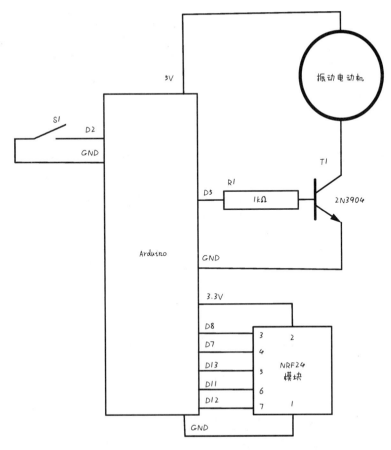

图 11-3 一个触感通信器的原理图

项目，你不需要可能引起不必要注意的 LED 灯。因此，购买裸露焊点的原型 Protoshield 扩展板和一些排针更好（也更便宜）。

将排针焊接到 PCB 每侧的最外侧孔中。保持排针笔直的好方法是将它们插入 Arduino 中，然后将 Protoshield 扩展板放在排针顶部来进行焊接，但是要注意不要加热时间过长，否则会烫坏下面的 Arduino。当所有引脚都连接好后，Protoshield 扩展板应如图 11-4 所示。

第 2 步：将组件固定到位

图 11-5 为组件位置的参考图。暂时不要焊接振动电动机，因为引线有点脆弱，所以需要首先黏合到位后再焊接电动机。

除了来自电动机的两根导线外，图 11-5 中各种焊盘的暗线代表了你在电路板底部的连接。NRF24 模块的排针穿过 Protoshield 扩展板中的孔，因此现在就放置好并将其焊接到下方的焊盘上。不要剪掉引脚长出来的部分，而是在焊接后轻轻地将它们展开；这将使以后更容易连接它们。请注意，NRF24 模块上的一个引脚是没有被使用的。

图 11-4　附有排针的 Protoshield 扩展板

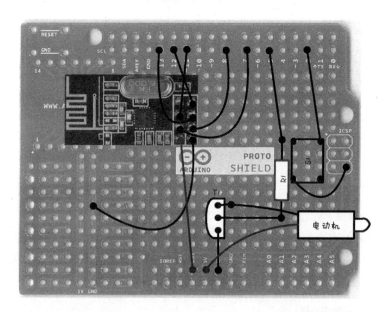

图 11-5　Protoshield 扩展板布局（其中 R1 是电阻，S1 是开关，
T1 是晶体管，左上角的深色矩形是 NRF24 无线模块）

　　晶体管具有一个曲面的边。重要的是，它必须要正确安装，因为引脚都具有不同的功能，曲面弯曲的一侧朝向 NRF24（见图 11-4）。将约 7.5mm 的晶体管引脚留在 Protoshield 扩展板的顶部并向下折叠（见图 11-5）以方便焊接。

　　该开关的触点位于矩形网格上，单向四个孔，另一个为三个孔。确保开关放置正确，使其垂直方向放置（见图 11-4）。

注意不要夹住任何电线，因为这些电线可用于连接电路板底部的组件。当所有组件都已固定到位后，电路板应如图 11-6 所示。

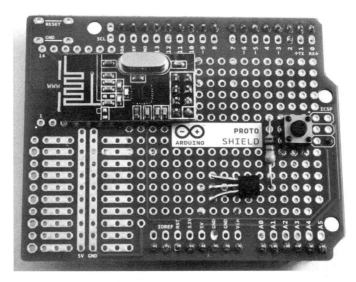

图 11-6 附加到 Protoshield 扩展板的组件

第 3 步：连接电路板底部

这一步是最烦琐的，所以要小心。所有组件都需要连接在电路板的下面（见图 11-5）。当然，当电路板翻转时，一切都会发生逆转。如图 11-7 所示，我翻转了图 11-5 中的电路板，展示了电路板背面的电路布局供你参考。

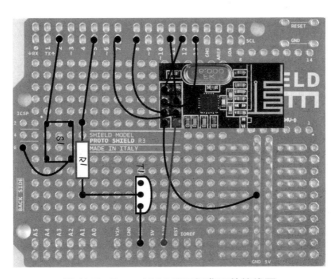

图 11-7 Protoshield 扩展板背面的接线图

图 11-7 标记了组件的位置，以便你可以根据这个位置进行焊接，但请记住，这是板的背面，因此组件实际上位于 Protoshield 扩展板的另一侧。许多连接线互相交叉，因此使用绝缘线。当所有东西都连接好后，电路板的背面应该如图 11-8 所示。

图 11-8　Protoshield 扩展板的背面

仔细检查所有内容，确保焊接的连接没有短路，并确保每根导线连接正确。

第 4 步：安装振动电动机

将电动机粘到 Protoshield 扩展板的顶部，注意不要把胶涂在电动机前部的旋转轴上。引线非常细，因此最好将它们焊接到电路板顶部而不是通过孔。图 11-9 显示了振动电动机黏合到位，并且引线焊接到 Protoshield 扩展板 5V 电源和晶体管的一脚上。

图 11-9　安装振动电动机

第 5 步：重复其他对讲机

制造了一个对讲机后，再配套制造几个对讲机。

第 6 步：将其放入机箱

你可能想要清理一些塑料盒来放置这些对讲机，或者你可能更喜欢引领"末日"时尚，而只是将电池接到 Arduino 和 Protoshield 扩展板上，让电池盒能够作为一个基本的开关。

程序

本书的所有源代码均可从 http://github. com/simonmonk/zombies /获得。有关为本项目安装 Arduino 程序的说明，请参阅附录 C，本程序名为 Project_20_Haptic_Communicator。

本项目使用一个名为 Mirf 的社区维护的 Arduino 库。该库为 NRF24 无线电模块的串行外设接口（SPI）提供了一个简单的封装，允许 Arduino 与模块通信。因为必须从互联网下载 Mirf 库，所以这是在僵尸蔓延前制作此项目的另一个好理由。从 https://playground. arduino. cc/InterfacingWithHardware/Nrf24L01 下载该库的 ZIP 文件。

如果你使用的是 Windows 或 Documents/Arduino/library（如果你使用的是 Mac 或 Linux），请解压缩 ZIP 文件，并将整个 Mirf 文件夹复制到 My Documents \ Arduino \ libraries 中。请注意，如果 Arduino 目录中不存在 libraries 文件夹，则需要在复制之前创建它。

在重新启动之前，Arduino IDE 将无法识别新库，因此在复制库文件夹后，保存你正在处理的任何内容，之后退出 IDE 并重新启动。接下来，打开该项目的程序文件，并将其一个接一个地上传到两个 Arduino 设备中。首先导入三个库：

```
#include <SPI.h>
#include <Mirf.h>
#include <MirfHardwareSpiDriver.h>
```

SPI 库是 Arduino IDE 发行版的一部分，其简化了使用 SPI 的器件的通信难度。MirfHardwareSpiDriver 库也用于我们的 Arduino 代码中。

接下来，定义了三个常量：

```
const int numberOfSends = 3;
const int buzzerPin = 5;
const int switchPin = 2;
```

通过多次发送"按下按钮"消息可以扩展无线通信的范围，因此在该范围的边缘，只有一条消息必须通过。常量 numberOfSends 定义每条消息应发送的次数。接下来是蜂鸣器和开关引脚的引脚定义。

下一个常量（buzzerVolume）指定振动电机的 analogWrite 值：

```
const int buzzerVolume = 100; //3V电机时，不要超过153
const int buzzMinDuration = 20;
```

如果使用的是 3V 电动机，重要的是 analogWrite 值不要超过 153。因为值为 153 将为电动机提供相当于 3V 电源的功率，而更多功率会使其过载，从而导致电动机损坏。降低此值将使你的蜂鸣器更静音。

buzzMinDuration 常量指定 buzz 的最小持续时间（以 ms 为单位）。这很重要，因为太短暂的嗡嗡声可能不会被注意到，反而错过最佳的逃生时机。

按下按钮时要发送的 4B 消息，用十六进制存放在一个全局的数组中，这个数组的类型为 byte 类型：

```
byte data[] = {0x54, 0x12, 0x01, 0x00};
```

选择该阵列中的前三个值作为该对触感通信器的唯一值。收到消息后，会检查消息是否匹配。这确保了通信器已经接收到真实消息而不仅仅是噪声。这也意味着你可以使用不同的值设置第二对设备，并且新一对设备的信息不会干扰其他对设备的信息。根据你的幸存者群体中的群体动态，你可能想要在某些情况下向某一个人求救（"快来救我！"），以及其他情况下与其他人通信（例如"如果你现在出现，我打赌僵尸会吃掉你的大脑而不是我的"）。

第四个字节在这个项目中没有使用，但是如果你想要通过按钮消息发送参数的话。例如，你可以向通信器添加第二个按钮，用于在此字节中发送不同值的紧急情况，然后可以在接收端读取该按钮的值。

接下来是设置功能：

```
void setup()
{
  analogWrite(buzzerPin, 0);
  pinMode(switchPin, INPUT_PULLUP);
  Mirf.spi = &MirfHardwareSpi;
  Mirf.init();

  listenMode();
  Mirf.payload = 4;
  Mirf.config();
}
```

此功能首先确保在 analogWrite 处关闭蜂鸣器。然后，它将 switchPin 的模式设置为使能了内部上拉电阻的 INPUT 引脚（有关上拉电阻的更多信息，请参见附录 C 的"使用上拉电阻稳定数字输入"）。然后初始化无线电模块并将其置于监听模式，等待接收消息。

接下来是循环函数：

```
void loop()
{
  if (!Mirf.isSending() && Mirf.dataReady())
  {
    Mirf.getData(data);
    checkForBuzz();
  }
```

```
      if (digitalRead(switchPin) == LOW)
      {
              sendBuzz();
      }
  }
```

其从 if 语句开始，该语句首先检查模块是否自己发送消息。然后检查是否有数据准备好被读取，并通过无线电读取消息。读取消息后，调用函数 checkForBuzz 以便在起动振动电动机之前检查消息是否合法。

循环函数最终检查此端按下按钮的状态，并通过调用 sendBuzz 函数响应按钮按下的状态。

现在，让我们看一下这个代码中定义的其他函数，首先从 listenMode 和 sendMode 开始：

```
void listenMode()
{
  Mirf.setRADDR((byte *)"serv1");
}
void sendMode()
{
  Mirf.setRADDR((byte *)"clie1");
}
```

listenMode 函数通过将其接收地址设置为 "serv1" 从而将无线电模块置于监听模式。sendMode 函数通过将其接收地址设置为 "clie1" 从而将无线电模块置于发送模式。我们在 sendBuzz 中调用 listenMode 函数和 sendMode 函数，其在循环函数的最后一个 if 语句中调用。

最后，我们看一下 checkForBuzz 函数：

```
void checkForBuzz()
{
  if (data[0]==0x54 && data[1]==0x12 && data[2]==0x01)
  {
    analogWrite(buzzerPin, buzzerVolume);
    delay(buzzMinDuration);
    analogWrite(buzzerPin, 0);
  }
}
```

此函数检查从另一个模块发送的消息的前 3 个字节，如果它们匹配，它将通过 buzzMin-Duration（周期以 ms 为单位）打开振动电动机。

使用触感通信器

本项目使用起来很有趣。我很确定赌场对这种装置是排斥的，所以为了避免麻烦，不要用它在赌桌上欺骗别人。在任何情况下，金钱在"僵尸大灾难"来临之后几乎没有用处。

如果你准备学习莫尔斯电码，触感通信器可以与莫尔斯电码一起使用，虽然它们有点慢。或者你可以按照以下方式提出简化的词汇表：

- 一个短暂的嗡嗡声：一切都很好。
- 一个长长的嗡嗡声：看到僵尸。
- 三个长长的嗡嗡声：僵尸警告解除。
- 三个短暂的嗡嗡声：快跑！

这是本书的最后一个项目，我希望你已经开始感兴趣了，因为你已经为自己面对"大灾难"做好了准备。无论你是为了预期即将到来的僵尸群而制造这些项目，还是你已经躲藏起来，我也希望它们能帮助你生存！

附 录

附录A 材 料

在附录中，你将找到有关用于制作本书项目的更多有用的信息。与单个项目的材料清单不同，附录中的表格列出了两种类型的来源："末日"之前和"末日"之后（其实就是"大灾难"前后）。如果你是在死亡人数上升之前，我们希望在你秘密的地下掩体中购买零件并储存它们，请查看"大灾难"之前可以使用的供应商。现在在线批量购买你的材料，你甚至可以订购额外的材料，这样你就可以随时更换任何损坏的部件。

如果你在僵尸已经出现后阅读本指南，你需要看看"大灾难"之后的来源。你的选择会因为没有互联网的情况而受到限制，但如果你很幸运，你会发现有一些奇怪的实体店可以去搜集，并且应该有足够的汽车、微波炉和其他可以收获组件的电子产品。祝你好运！

关于实体供应商的说明

当谈到电子元器件的实体店时，自从 Radio Shack 消亡以来，你在美国的选择已经大大减少。可以选择弗莱电子公司（http://www.frys.com/）和一些独立商店。如果你住在英国，那么 Maplin Electronics 是你最好的选择。Fry 和 Maplin 都提供在线订购服务。在中国的话，你可以选择当地的电子市场。

电子模块

本节介绍俗称为模块或预组装部件的项目，而不是基本的电子组件。

元 器 件	灾前获取途径	灾后获取途径
7A（或更高）、12V 充电控制器	淘宝、Fry's（4980091）	废弃的车和船
Arduino Uno R3	Adafruit、Fry's（7224833）、SparkFun、淘宝	电子市场

元　器　件	灾前获取途径	灾后获取途径
Screwshield 扩展板	Adafruit（196）、淘宝	
液晶屏	SparkFun（DEV-11851）、淘宝	
PIR 模块	Adafruit（189）、Fry's（6726705）、淘宝	电子市场
门锁	Farnell、淘宝	五金店、电子市场
12V 射频遥控单通道继电器	淘宝	
干簧管和磁铁	Adafruit（375）、Fry's（1908354）、淘宝	电子市场
四通道中继模块	淘宝	
USB 蓝牙适配器	淘宝	电脑卖场
HC-06 蓝牙串行模块	淘宝	
微型伺服电动机	Adafruit（196）、淘宝	电子市场
普通伺服电动机	Adafruit（155）、淘宝	电子市场
NRF24 无线电模块	淘宝	
Protoshield 扩展板	淘宝（Arduino code：A000077）	

Raspberry Pi 及其相关部分

这个列表包括了 Raspberry Pi 需要的所有特定的组件，包括 PI 本身。

元　器　件	灾前获取途径	灾后获取途径
树莓派（Raspberry Pi）	Adafruit（2358）、Fry's（8258726）、淘宝	
小型 HDMI 监视器	Adafruit（1934）、淘宝	
Raspberry Squid	http：//www. monkmakes. com/、淘宝	

引线和连接器

在这个列表中，你会发现所有连接电路中需要的电线、导线、插口和其他零件。

元　器　件	灾前获取途径	灾后获取途径
结实耐用的鳄鱼夹导线（7A 或更高）	汽车配件商店	汽车配件商店
接线端子（10A）	建材城、家居店	建材城、家居店
小型鳄鱼夹导线	汽车配件商店	

元 器 件	灾前获取途径	灾后获取途径
接线端子（2A）	建材城、家居店	建材城、家居店
母对母跳线	Adafruit（266）、淘宝	
0.1in 插头引脚	Adafruit（392）、淘宝	
母对公跳线	Adafruit（826）、淘宝	
2.1mm 插头点烟器适配器	汽车配件商店	汽车配件商店
带有飞线的 2.1mm 插头	损坏的直流电源	直流电源
长的公对公跳线（20cm）	Adafruit（760）、淘宝	
0.1in 直角排针	淘宝	
9V Arduino 电池导线	Adafruit（80）、淘宝	
用于 proto-screwshield 扩展板连接的独股导线	Adafruit（1311）、淘宝	废弃的电子设备

工具

无家可归的"末日幸存者"一般应该没有以下家庭工具：

- 钻孔机
- 螺丝刀
- 钳子
- 铁皮剪
- 锯
- 剪刀

你应该能够在任何五金店找到它们。要完成本书中的项目，你还需要一些电子制作和维修常用工具，如下所示。

元 器 件	灾前获取途径	灾后获取途径
万用表	汽车配件商店、Fry's、电子市场、淘宝	汽车配件商店、电子市场
电烙铁	汽车配件商店、Fry's、电子市场、淘宝	汽车配件商店、电子市场

电子元器件

这里的很多组件都可以在电子爱好者的入门套件中找到。像 Adafruit 的 Arduino ARDX 实验套件（170）或 SparkFun 初学者零件套件（KIT-10003）这样的套件将为你提供基本电阻、二极管和晶体管，帮助你更好开始项目。

元 器 件	灾前获取途径	灾后获取途径
压电蜂鸣器	Adafruit（1740）、淘宝	
270Ω 电阻	Mouser（293-270-RC）、淘宝	
470Ω 电阻	Mouser（293-470-RC）、淘宝	
按键	Adafruit（1439）、淘宝	
1kΩ 电阻	Mouser（293-1k-RC）、淘宝	
1N4001 二极管	Adafruit（755）、淘宝	
蓝色或者白色 LED	Adafruit（301）、淘宝	
100μF 陶瓷电容	Adafruit（753）、淘宝	
TMP36	Adafruit（165）、淘宝	
微动开关	Fry's（2314449）、淘宝	微波炉
小型密封铅酸蓄电池	Fry's（6607854）、电子市场、淘宝	
FQP33N10 或 FQP30N06 MOSFET	Adafruit（355）、淘宝	
100Ω 2W 电阻	Mouser（594-5083NW100R0J）、淘宝	
100Ω 1/4W 电阻	Mouser（293-100-RC）、淘宝	
大批量蜂鸣器	电子市场、淘宝	电子市场、烟雾报警器
2N3904 NPN 双极晶体管	Adafruit（756）、淘宝	
5V 或 3V 振动电机	淘宝	
触觉按钮开关	Adafruit（504）、淘宝	
红色 LED	Adafruit（297）、淘宝	

其他硬件

最后，你还需要其他一些小物品，以便能够为你的项目提供机械结构和电力，如下所示。

元 器 件	灾前获取途径	灾后获取途径
A100 V 传动带	汽车配件商店、淘宝	汽车配件商店、五金店
电子收纳盒、工具箱	Fry's、淘宝	车库
4×AA 电池盒	Adafruit（830）、淘宝	
6×AA 电池盒	Adafruit（248）、淘宝	

电阻色环编码

电阻器上的色环可以告诉你它们的值，所以必须知道电阻器颜色编码规则，这样才能够很好地确认它们的值。

颜　　色	值	颜　　色	值
黑色	0	蓝色	6
棕色	1	紫色	7
红色	2	灰色	8
橙色	3	白色	9
黄色	4	金色	1/10
绿色	5	银色	1/100

这些色环中通常从电阻器的一端开始有三个颜色，然后有一个大的间隙，接着是电阻器另一端的单个色环。单色环表示电阻值的允许偏差。虽然金和银代表1/10和1/100的分数，但它们也用于表示电阻的允许偏差；金为±5%，银为±10%。

图 A-1 显示了彩色条带的排列。电阻值仅使用三个色环。第一个色带是第一位数字，第二个色带是第二位数字，第三个应乘位数（10 的幂次方）色带是在前两位数字后放置多少个零。

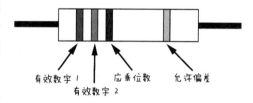

图 A-1　电阻器颜色代码

假设有效数字 1 色环为红色，有效数字 2 色环为紫色，而应乘位数色环为棕色，这表示其为 270（27×10^1）Ω 电阻。类似地，10kΩ 电阻器色环颜色依次为棕色、黑色、橙色（1、0、10^3，10×10^3）。

附录B　基本技能

如果你将成为一个"世界末日"降临后在行尸走肉的世界生存的创客，那么你将需要一些关键的电子技能。本附录是一些基础知识的快速指南，例如如何将电线连接在一起，焊接和使用万用表。在你需要复习的时候随时可以翻到这里，它可以拯救你的生命！

剥线

对于一个"世界末日"的幸存者来说，剥离电线绝缘层是一项放在最前面的需要掌握的技能。本书中的设备将帮助你生存下来，想要构建它们，你通常需要将绝缘电线连接在一起或将它们接入螺钉端子。而该过程的第一步就是剥线。

要剥去电线绝缘层，请用一把钝钳夹住电线，然后用一对锋利的剪线钳（也称为剪刀）拉出绝缘层。图 B-1 显示了该过程。

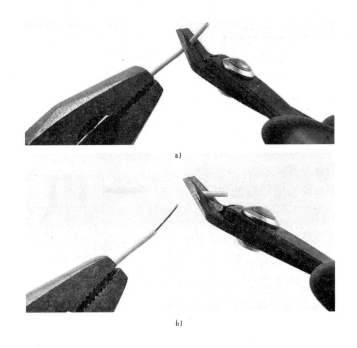

图 B-1　剥线

用钳子夹住电线（见图 B-1a）。如果你的电线很长，你可以直接把它缠在你的手指上。无论哪种方式，目的都是阻止电线移动。接下来，用剪线钳轻轻地将导线夹在要移除绝缘层的位置。施加足够的压力以几乎切断绝缘层而不切入内部的电线，然后拉开绝缘层（见图 B-1b）。如果在你拉动时剪片开始滑动，只需将它们挤得更紧一点即可。

掌握这项技能可能需要一点时间，所以在尝试重要的事情之前先拿一些旧线练习。如果你将手头上的最后一根好线切断得太短，你可能会发现自己无法完成最新的反僵尸发明，直到下一次供给到达，不过那可能为时已晚。

通过扭转连接导线

　　知道如何将电线绞合在一起也是一项有用的技能，特别是如果你在搜集行程中没有遇到任何焊接材料时。如果操作正确（见图B-2），只需将电线绞合在一起即可形成良好的电气连接。

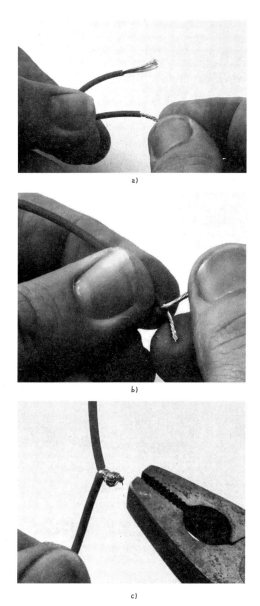

图 B-2　通过扭转连接导线

首先，从每根电线上剥去大约15mm的绝缘层（参见前面的"剥线"）。然后，如果你的电线是绞合的而不是独立的线缆，请用拇指和食指自行扭转每根电线并将所有电线保持在一起（见图B-2a）。接下来，将两根导线交叉放置，将绝缘层的两端对齐，然后将导线绕在一起（见图B-2b）。尽量确保导线实际上相互缠绕，而不是留下一根导线不动，而另一根缠绕它。如果导线具有不同的厚度，那么这可能是比较困难的。

最后，将缠绕在一起的电线缠绕成一个紧密的球（见图B-2c），并将整个电线缠绕在电工胶带或热缩管中（参见下文的"使用热缩管"）。你也可以使用钳子来真正收紧节点接触的位置。

如果你有焊接设备，那么你可以通过用电烙铁加热缠绕的节点并将焊锡加入其中来使机械连接更加牢固，电气特性更可靠，如下一节所述。

如果你想了解NASA是如何做的，请查看以下链接：https://makezine.com/2012/02/28/how-to-splice-wire-to-nasa-standards/。

焊接基础知识

焊接比看起来容易得多，而且你不需要花费很多钱在花式焊台上。在"大灾难"期间，你的选择将受到限制，但基本入门套件（见图B-3）将正常工作。

图 B-3　基本焊接套件

你可以在汽车配件商店甚至某些五金店找到基本的焊接套件。如果你在"大灾难"来临之前购买，那么Adafruit出售一个很棒的入门套件（136），其中还包括万用表、连接线和各种其他有用的钻头和螺丝刀。

有许多配件和工具可以使焊接更快，但这些并不重要。以下这些就是你真正需要的：

电烙铁，寻找额定功率为30W或更高的电烙铁，带有精细的尖端（1mm）。在僵尸出现之前，只需买一台交流供电的。为了将来做好准备，你还可以购买一台 DC12V 的电烙铁，并将其与应急用品配合使用；这样，你就可以用汽车蓄电池供电。这些用于处理汽车电气部件的电烙铁很常见。

焊锡，如果你购买了焊接套件，它可能会带有一圈焊锡。焊锡有两种类型：含铅和无铅。含铅焊锡在较低温度下熔化，通常比无铅焊锡更容易使用。开玩笑插一句，无论你的食物状况多么绝望，都请不要吃其中任何一种。

剪刀，你需要一对好的剪线钳来切割靠近 PCB 表面的电线并剥离电线。

潮湿的海绵或布，任何旧的潮湿的海绵或布料都可以。当要清除多余的焊锡时，你可以用它擦拭电烙铁头。

警告

电烙铁变热了。事实上，它们变得非常热，比厨房烤箱的最高温度更热。所以不言而喻，如果你触摸电烙铁的加热端，你会受到严重的烧伤。所以请一定注意，这不是无人监督儿童的活动。同样，铅是一种对你有害的有毒元素，所以你可能更趋向于使用无铅焊锡，尽管它有点难以使用。

用焊锡连接电线

要使用焊锡将两根导线连接在一起，请按照上文的"通过扭转连接导线"中的说明进行操作。然后，你可以焊接接头。焊接的诀窍是始终使焊锡流入你正在焊接的东西，图 B-4 显示了流入图 B-2c 的导线球的焊锡。

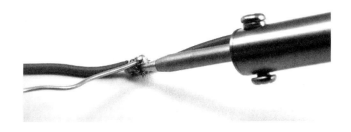

图 B-4　将焊锡焊接到连接的电线中

许多初学者犯了错误，就是在电烙铁头上形成一团焊锡，然后将其涂在电线上。这通常导致差质量的接头，虽然其看起来不错，但会很快失效，并且在它们分开之前可能就无法与电线良好接触。因此，在接触焊锡之前，你需要加热一下要焊接的导线。

考虑到这一点，你可以按如下方式加入你的绞线：

1）打开电烙铁开始加热。如果你的套件没有配备电烙铁架，请确保将其安装在安全的地方，以免热端接触任何东西。

2）将焊锡末端接触电烙铁顶端，看是否熔化。如果焊锡立即熔化并流过电烙铁的尖端，那么电烙铁就准备好了。

3）如果此后电烙铁的尖端没有光泽，请用湿海绵擦拭。这会产生巨大的嘶嘶声！重复上一步，用焊锡涂抹铁尖。

4）将电烙铁头尖端压在线的结点上，然后将其放置 3～4s。之后，保持电烙铁仍然压在结点上的情况下，将焊锡的末端推到结点上。焊锡应该流入结点中。如果你的焊锡流动性不好，有时候反而有助于向焊点供给更多的焊锡。

5）继续加入焊锡，直到整个焊点都涂上焊锡。

6）从结点上移开电烙铁的尖端，然后放在支架上。同时确保焊接好的电线不会移动，并让它们冷却 10 或 20s。

你也可以使用电工胶带或热缩管对焊接处进行绝缘处理。热缩管的使用如后面所述。如果你打算这样做，那么你可以通过并排焊接电线来制作更整洁的接头，而不用将它们扭绞在一起（见图 B-5 a～e）。

剥去电线末端（见图 B-5a）后，用焊锡将它们焊接起来（见图 B-5b）。如果导线绞合，焊锡应在构成导线的绞合线之间流动。

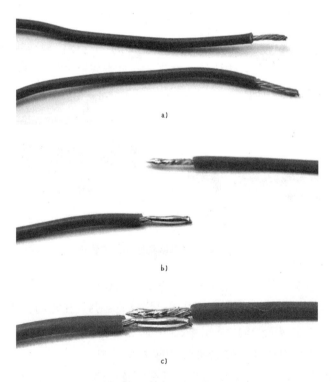

图 B-5　将导线焊接在一起而不先把它们扭绞在一起

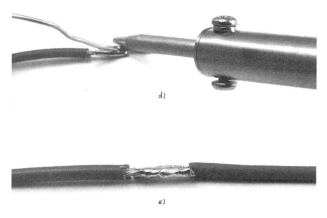

d)

e)

图 B-5 将导线焊接在一起而不先把它们扭绞在一起（续）

现在，将电线彼此相邻放置（见图 B-5c），加热电线，并将焊锡焊接到它们之间的间隙中（见图 B-5d）。最终结果应该是一对很好的，甚至像是直连的导线（见图 B-5e）。

焊接 PCB

电线比完整的电路板更容易搜集，但是能够焊接到印制电路板（PCB）上肯定能帮助你解决不少问题。例如，本书中的很多项目都使用了一个需要稍微焊接的 screwshield 扩展板。幸运的是，screwshield 扩展板是一块 PCB，带有许多金属垫，方便用于焊接。如果你已成功执行前面"用焊锡连接电线"中所述的步骤，那么焊接 PCB 时应该没有任何问题了。

将元器件连接到 PCB 时，基本的想法是将元器件的引脚从顶部穿过，将 PCB 翻转过来，将其焊接到焊盘上，然后剪掉多余的线。图 B-6 显示了元器件引脚被焊接到 screwshield 扩展

图 B-6 将元器件引脚焊接到 PCB 上

板上。

与所有焊接一样，诀窍是将焊锡应用于被加热的物体上而不是电烙铁上，因此加热元器件引脚并接触焊锡。在将焊锡涂到电烙铁头和元器件引脚的连接处之前，通常先用电烙铁加热元器件引脚和焊盘一两秒，以获得最佳效果。图 B-7 显示了两个焊点的示例，一个是坏的，一个是好的。

左边的焊点准确描述为"堆锡"，这是因为操作时在电烙铁的尖端形成了一团焊锡，然后将其"堆"到了 PCB 上。右边的焊点接近完美。看看整个焊盘是如何被焊锡

图 B-7 坏的（左）和好的（右）焊点

覆盖的，一直围绕元器件引脚流动，形成一个非常平滑的半月形小山丘。

使用热缩管

当你对电线连接技能充满信心时，请尝试使用热缩管来对电线进行绝缘处理。热缩管是包裹两根焊接在一起的线缆的好方法，它比电工胶带更耐用。首先将电线包裹在电工胶带中是好的，但最终电工胶带会慢慢失去黏性并解开。而且热缩管使用起来也更有趣，当僵尸是唯一敲门的客人的时候，你需要获得更多的乐趣来支撑你自己活下去。

热缩管是一个管子，你可以切割到你需要的长度。当用吹风机、热风枪甚至点烟器加热时，它会缩小到直径的一半左右，就好像施了魔法一样。如果你的热缩管开始时在电线上相当紧密地贴合，那么在加热后它会紧紧夹住电线。

以下是如何建立良好的连接并通过热缩管来加固它的方法。

1）选择比你要覆盖的接头略宽的热缩管。将套管切成足够长的长度以覆盖裸露的电线并稍微伸出电线的绝缘层。

2）如果要连接已经将部件连接到另一端的两根电线，请先将热缩套管滑到一根电线上，然后再将它们焊接在一起，尽可能远离焊点推动热缩管。我已经忘记了我曾经几次三番在焊接的时候忘记将热缩管挪动得远一些，而导致由于电烙铁的热量将热缩管缩小到无法移动的状态。每次发生这种情况，我都必须重新拆开电线，这是件很令人沮丧的事情。

3）使用"用焊锡连接电线"中所述的端到端方法连接导线。最终将得到如图 B-8a 所示的结果。

4）之后请将热缩管滑过接头（见图 B-8b）。我展示的热缩管是透明的，所以你可以看

到焊点连接很好。热缩管通常也有黑色和其他颜色可供选择。

5）用吹风机加热热缩管，或者甚至在它下面点燃一根火柴（见图 B-8c）。你不需要让它超级热。只需保持加热，直到你看到一个很好的热缩效果，如图 B-8d 所示。但尽量不要烧焦它！

热缩管的直径范围很广。如果你打算使用它，我建议购买一个不同直径的热缩管选择盒。你可以在汽车配件商店找到这些，因为在修改或修理汽车配线时经常使用热缩管。

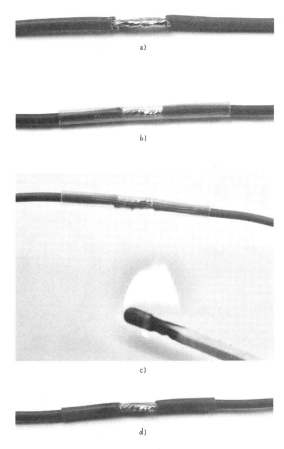

图 B-8　在连接的导线上涂上透明的热缩管

使用万用表

电流是电子流。而且电子很小，非常小。因此，当谈到解决电气状况时，我们需要能够测量这些电子的东西。

就像医生用听诊器检查身体的状况，电子爱好者将使用万用表（见图B-9）来检查电路上的特定点情况。

图B-9所示的万用表售价约为5美元，但与20年前昂贵的万用表相比，它仍然更加精确，功能范围更广。类似的东西应该非常适合你需要测量的任何电流、电压或电阻，以便为"僵尸大灾难"做好准备。

万用表包括顶部的显示屏、中间的大旋钮，用于选择不同的测量范围，以及底部的一些插座，用于连接测试引线。万用表在购买时应包括测量引线。这些通常是图B-10a中所示的那种，但是一些在末端具有鳄鱼夹的测量引线（见图B-10b）也非常有用。

大多数汽车配件商店都有万用表，许多你可以购买工具的地方可能都有万用表，网络上也有大量的低成本万用表供你选择。

图B-9　万用表

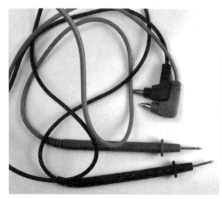

a)　　　　　　　　　　　b)

图B-10　测试引线

测量直流电压

万用表最常用于测量直流电压。这就是我们要做的，比如检查电池的电压（见图B-11）。

如果电池上标的是9V，但是当你测量其端子上的电压时，你得到了4V的读数，那么电池就是出现问题了。图B-11中的9V电池测量为8.53V，这是完全正常的。但如果它低于8V，你应该扔掉它。

要测量电池电压，请按以下步骤操作：

1）将万用表的量程旋钮设置为直流电压，并选择一个高于预期最高电压的量程。例

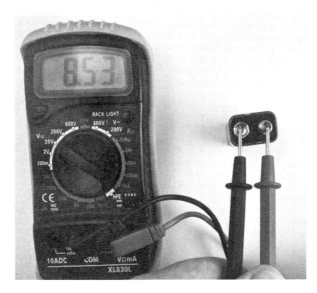

图 B-11　用万用表测量直流电压

如，对于 9V 电池，20V 范围是一个不错的选择（万用表也有交流电压范围。交流范围旁边有一条波浪线，直流范围在旁边有一条水平线）。

2）确保测量引线位于进行电压测量的插座中，而不是用于电流测量的。黑色引线应插入 COM 插座，红色引线应插入标有 V 的插座。这一点很重要，因为在测量电流时，万用表引线几乎是短路的，使用电流配置的万用表来测量电压会导致电池短路，并可能会导致万用表中的熔丝熔断。

3）将黑色 COM 引线连接到电池的负极端，红色正极引线连接到电池的正极端子。万用表的显示屏将告诉你电压。

除了测量电池的电压以确定其是否良好外，你可能还需要测量元器件上的电压，比如 LED 或电阻器。在这种情况下，只需将探头引线接触组件的任一侧即可。

测量直流电流

当你需要最大限度地延长电池的使用寿命时，这一点在"灾难"来临之时非常重要，通常可以查看设备使用的电流量。举个例子，我们可以测试一下 Arduino 会消耗多少电流。

图 B-12 显示了一个万用表设置，用于测试由 9V PP3 电池供电的 Arduino 的电流消耗。桶形插孔引线用于连接 9V 电池。万用表位于电路中，测量流过它的电流（在这种情况下为 32.6 mA）。电池的正极连接到万用表的正极引线，电路的其余部分（或者在这种情况下是 Arduino）通过万用表的负极引线连接电源。

请按照以下步骤测量电流：

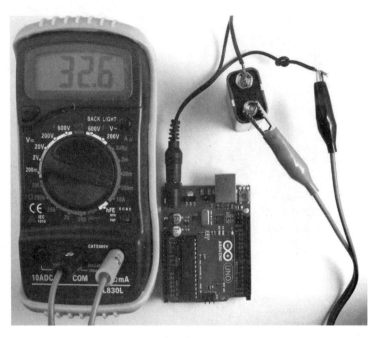

图 B-12　用万用表测量直流电流

1）将万用表的量程旋钮设置为 DC Amps 量程。就其本身而言，Arduino 仅使用约 30mA 的电流，因此选择 200mA 范围。但如果不清楚的话，请从最大范围（通常是 10A）开始，如果需要更高的精度，则可以降低量程。

2）确保正极测量引线位于万用表上正确的电流测量插座中。对于低电流（约 200mA 或更低），这通常与用于测量电压的连接相同。这里显示的万用表有一个单独的插座，电流高达 10A，但由于我们看到在 30mA 左右，所以使用当前插座即可。

3）将仪表的正极测量引线连接到电池的正极，将负极测量引线连接到电池负极与 Arduino 的连接线上。

如图所示，万用表为了测量电流，将串联在整个电路中，有效地测量了通过导线的电流。

测量电阻

附录 A 中的"电阻色环编码"包含从颜色条纹中识别电阻值的指南。而找到电阻值的另一种方法是使用万用表测量它。只需将万用表设置为其电阻范围之一，然后将两根测量引线接触电阻的两侧（见图 B-13）。

在这种情况下，电阻测量为 118.2Ω。根据色环，电阻器的标称值为 120Ω。这种轻微的差异是完全正常的。万用表和电阻器本身都不会完全准确。

图 B-13　用万用表测量电阻

有些万用表还有一个或多个电容量程，你可以用它们以相同的方式测量电容值。

连续性测试

大多数万用表都具有连续性模式（或称为蜂鸣器模式），可从范围旋钮中选择。当万用表设置为连续性时，如果两个测量引线一起触摸，万用表上的蜂鸣器会发出声音。当引线通过低电阻连接时，蜂鸣器也应发出声音，如电线、PCB 走线或可疑焊点。

这个功能可能听起来不是很有用，但实际上它非常重要。它允许你测试熔丝以及看起来不错但可能在绝缘层下方断裂的可疑电线。它也适用于测试开关。只需触摸开关接触的引线，如果万用表在你翻转开关时发出嗡嗡声，那么一切都很顺利。同样，要测试熔丝，首先将测量引线一起触摸以听到蜂鸣声并确保万用表工作，然后将引线接触熔丝的两端。如果设有蜂鸣声，则表示熔丝熔断了。

附加功能

我已经描述过的万用表功能几乎涵盖了本书中可能需要对电路执行的任何测量。然而，即使是便宜的万用表，也有一些其他有用的设置。

- **交流电压和电流**，交流需要一组独立的范围，因为它会正向和负向摆动，使其平均值为零，因此如果选择了其中一个范围，万用表将在给出读数之前将交流电转换为直流电。
- **HFE**，此范围将测量插入特殊晶体管插座的晶体管的增益（电流放大系数）。这也是了解晶体管是否已经坏掉的快速方法。

如果你买了一个更昂贵的万用表，你会发现它有更多的功能。

- **频率测量**，测量信号的频率。例如，你可以使用此功能在"项目11：安静的火灾报警器"中查找烟雾警报器上的蜂鸣器频率。
- **温度**，此功能需要特殊的热电偶探头。它作为普通温度计非常有用，作为一种查看组件是否会变得非常热的特别有用的方法。
- **电容**，此设置可用于比较电容器旁边写的电容值与实际电容值。众所周知，电解电容器随着时间的增长而变得不可靠。它们经常会变坏为像僵尸一样的状态，导致许多电子设备出现问题。
- **背光灯**，点亮万用表上的屏幕，如果你尝试使用万用表找出基地中灯已经熄灭的原因（此时一片漆黑），这将非常有用！
- **自动断电**，非常方便，如果你像我一样常常忘记关机的话。毕竟，你永远都不知道什么时候会找到更多的电池。

万用表将是你最有用的工具之一，因此请熟悉它。这样，当僵尸接近的压力袭来时，你仍能够熟练使用它，而不是浪费宝贵的时间来查阅手册现学习如何使用。

附录 C Arduino 编程

Arduino 微控制器板是非常适合"灾难"来临后的创作的。它们非常坚固、可靠，并且使用的功率非常小。如果你对于 Arduino 还是个新手，本附录将帮助你开始学习使用这个强大的开发板，这样你就可以现在开始做准备工作，并大大提高你的生存机会。

什么是 Arduino？

有各种类型的 Arduino 板，但到目前为止最常见的是 Arduino Uno，这是本书中所有项目使用的（见图 C-1）

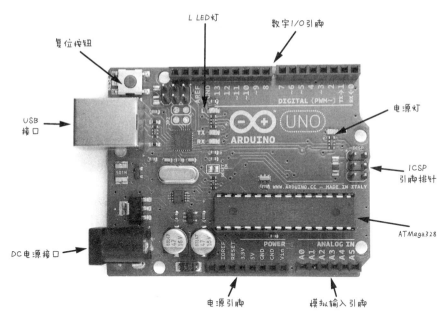

图 C-1　Arduino Uno R3

图 C-1 中所示的 Arduino Uno 版本 3（R3）。我们将了解每个组件及其用途。

让我们从使用 USB 接口开始我们的旅行。这有几个目的：它可用于为 Arduino 供电或将 Arduino 连接到你的计算机进行编程。它还可以作为与其他计算机的通信链接，如"项目 13：树莓派控制中心"，它将数据从 Arduino 发送到树莓派。Arduino 上的红色小按钮是复位按钮。按此按钮将导致 Arduino 上安装的程序重新启动。

Arduino 顶部和底部边缘的连接插座是连接电子设备的地方。图 C-1 的顶部是数字输入和输出引脚，编号为 0 ~ 13，可配置为输入或输出。输入读取收到的消息，如果将开关连接到数字输入，输入将检测是否按下了开关。输出发送信息或断电，如果将 LED 连接到数字输出，则可以通过将输出从低电平切换到高电平来打开它。事实上，一个名为 L LED 的 LED 内置在电路板上并连接到数字引脚 13。

在右侧，电源 LED 指示电路板是否通电。ICSP（在线串行编程）引脚仅用于 Arduino 的高级编程，Arduino 的大多数用户永远不会使用到它。

ATMega328 是一个微控制器集成电路（IC）和 Arduino 的大脑。该芯片包含 32KB 的内存，你可以在其中存储你希望 Arduino 运行的程序。

在图 C-1 的右下方是一行标记为 A0 ~ A5 的模拟输入引脚。数字输入只能判断某些内容是打开还是关闭，但只要电压在 0V ~ 5V 之间，模拟输入就可以实际测量引脚的电压。例如，模拟输入引脚可用于测量温度传感器的电压，如"项目 12：温度报警器"中所用的温度传感器。

最后一排插座提供各种电源连接。在"项目 4：电池监测器"中，我们使用 Vin 为 Arduino 供电；5V 和 GND（或接地，即 0V），也是连接外部电子设备时所需的电源连接。

在左下角，我们有一个直流电源插孔，这是另一个电源连接。这可以接受 DC 7～12V 之间的任何电压。Arduino 也将自动接收来自 USB 插座的电源以及来自 DC 连接器或 Vin 插座的电源。

Arduino 软件

Arduino 可能与你对计算机的期望不一样，它没有操作系统，也没有键盘、显示器或鼠标。对于需要轻装上阵的幸存者来说，这当然是个好消息。虽然你可以根据需要多次重新编程 Arduino，但它也只能一次运行一个程序（称为 sketch，我们也叫它草图）。要对 Arduino 进行编程，你必须在普通计算机上安装 Arduino IDE 软件，因此我们首先介绍安装，然后讨论编写程序。

安装 Arduino IDE

Arduino IDE 易于使用，这是 Arduino 极受欢迎的一个重要原因。它适用于采用 Windows、Mac 和 Linux 操作系统的计算机，它通过 USB 连接对 Arduino 进行编程，无须任何特殊的编程硬件。

注意

你需要连接互联网才能下载 Arduino IDE，所以在你开始听到新闻中的僵尸大规模泛滥之前一定要先下载好！

要为你的平台安装 Arduino IDE，请从 Arduino 站点 http://www.arduino.cc/ 下载该软件（单击顶部的"下载"并安装适合你系统的版本）。然后按照"入门"链接中的说明进行操作。Windows 和 Mac 操作系统的用户需要为 Arduino IDE 安装 USB 驱动程序才能与 Arduino 进行通信。

安装好所有内容后，运行 Arduino IDE。图 C-2 显示了 Arduino IDE 窗口，其中包含一些代码。

上传按钮，顾名思义，将当前程序上传到 Arduino 中。但是，在上传之前，它会将文本编程代码转换为 Arduino 可执行的代码，并在日志区域中显示任何错误。验证按钮检查代码是否有错误，而无需将程序上传到 Arduino 后再测试。

串行监视器按钮打开串行监视器窗口，该窗口用于 Arduino 与另一台计算机之间的双向通信，如"项目 13：树莓派控制中心"中所示。

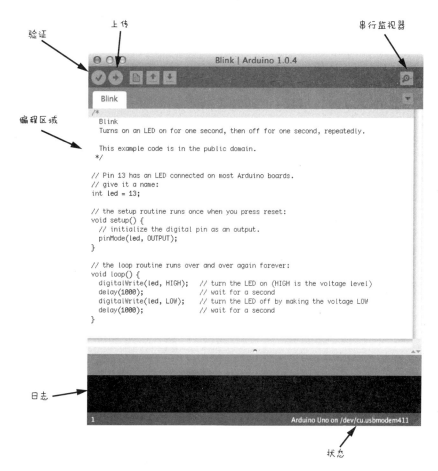

图 C-2　Arduino IDE 窗口

键入要发送到 Arduino 的文本消息，你应该看到在同一窗口中返回的任何响应。屏幕底部的状态区域提供有关你正在使用的 Arduino 类型的信息以及按下上传按钮时将编程的相应串行端口。图 C-2 中的状态区域还显示了使用 Mac 或 Linux 操作系统的计算机时可能会看到的端口类型（类似于/dev/cu. usbmodem411）。如果你使用的是 Windows 操作系统的计算机，则会显示 COM 后跟一个数字。

IDE 的大型白色区域是编程区域，你可以在其中键入要上传到 Arduino 的程序代码。

"文件"菜单允许你像在文字处理器中一样打开和保存程序，它有一个"示例"子菜单，你可以从中加载示例程序。

上传程序

要测试 Arduino 板并确保正确安装 Arduino IDE，请单击 File▶Examples▶01. basic 打开示例程序的基础程序，有个名称为 Blink 的程序（见图 C-2）。

使用 USB 导线将 Arduino 连接到计算机。Arduino 的电源 LED 应该在插入时点亮，其他一些 LED 也应该闪烁。

现在连接了 Arduino，你需要告诉 IDE 所编程的电路板类型以及它所连接的串行端口。使用菜单 Tools▶Board 设置电路板，然后从电路板列表中选择 Arduino Uno。

使用菜单 Tools▶Port 设置串口。如果你使用的是 Windows 操作系统，那么你可能没有多少选择；你可能只找到选项 COM4。在 Mac 或 Linux 操作系统上，通常会列出更多串行连接，其中许多是内部设备，并且很难确定哪一个指向你的 Arduino。

通常，正确的端口是启动/dev/ttyusbmodem*NNNN* 的端口，其中 *NNNN* 是数字。在图 C-3 中，选择了连接到我的 Mac 的 Arduino。

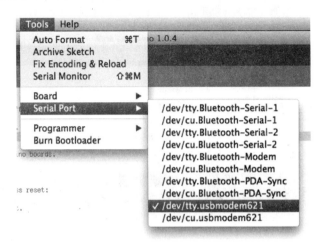

图 C-3　选择 Arduino 串口

如果你的 Arduino 未显示在列表中，这通常意味着你的 USB 驱动程序有问题，因此请尝试重新安装它们。如果你是 Windows 操作系统用户，请尝试重新启动。

你现在应该已准备好将程序上传到 Arduino，因此请单击"上传"按钮。消息应出现在日志区域中，然后当程序上传到 Arduino 上时，Arduino 上的 TX 和 RX LED 应闪烁。

上传完成后，你应该会看到如图 C-4 所示的消息。

图 C-4　成功上传

该消息告诉你程序已上传成功，并且控制台中的最后一行告诉你已使用 Arduino 上可用的 32256B 存储空间中的 1084B。

上传程序后，Arduino 上的内置 L LED 应该缓慢地开启和关闭，这正是 Blink 程序的预期状态——一闪一闪的状态。

安装 Antizombie 程序

本书的所有程序都可以通过本书的网站（http://github.com/simonmonk/zombies/）获得。确保在"灾难"来临开始之前这样做，因为一旦感染开始蔓延，你的网络可能就没有保障了。该文件夹将包含本书中项目的所有 Arduino 和 Raspberry Pi 程序。

安装 Arduino 程序，以便你可以直接从 Arduino IDE 中使用它们，方法是将 Arduino 文件夹中的子文件夹复制到适用于 Mac 和 Linux 操作系统的用户的 Documents/Arduino 文件夹以及适用于 Windows 操作系统的用户的 My Documents\Arduino 文件夹中。退出并重新打开 Arduino IDE。现在，当你查看 File▶Sketchbook 时，你应该找到列出的所有本书的程序。

Arduino 编程基础

本节概述了主要的 Arduino 编程命令，以帮助你了解与僵尸有关的程序。如果你对学习 Arduino 编程语言感兴趣，请考虑学习《Arduino 编程：实现梦想的工具和技术》一书。

Arduino 程序的结构

所有 Arduino 程序必须具有两个基本功能（执行任务的程序代码单元）：setup 和 loop。为了了解它们是如何工作的，让我们剖析一下我们之前看过的 Blink 示例。

```
int led = 13;

// 当你按下复位按钮后，setup 函数会执行一次
void setup() {

  // 初始化数字引脚为 OUTPUT 输出状态
  pinMode(led, OUTPUT);
}

// loop 表示永远不停地循环这里面的代码
void loop() {
  digitalWrite(led, HIGH);    // 点亮 LED 灯(HIGH 是高电平)
  delay(1000);                // 等待1s
  digitalWrite(led, LOW);     // 关闭 LED 灯(LOW 表示低电平)
  delay(1000);                // 等待1s
}
```

如果你有更新版本的 Arduino IDE，你的 Blink 程序可能会略有不同，因此，为了便于讨论，请参阅此处打印的程序而不是 IDE 中加载的程序。

以双斜杠（//）开头的文本称为注释。它不是可执行的程序代码，而是用于描述程序中该点发生的事情。

在单词 setup（）和 loop（）之后，我们有一个"{"符号。有时这与前一个词放在同一行，有时候放在下一行。它的位置只是个人偏好的问题，对代码的运行没有影响。"{"符号标志着一个代码块开始，并以相应的"}"符号结尾表示结束该代码块。你可以使用大括号将属于特定函数或其他控件结构的所有代码行组合在一起。

当向 Arduino 供电或按下复位按钮时，setup 函数内的代码行只运行一次。你可以使用 setup 来执行程序启动时只需执行一次的所有任务。在 Blink 中，setup 函数内的代码仅将 LED 引脚设置为输出。

循环函数内的命令将反复运行；换句话说，当循环内部的最后一行运行结束时，第一行将再次启动。

现在，让我们从顶行开始解析这个程序。

创建变量和常量

变量是一种为值赋值的方法；例如，第一行 Blink 标签引脚 13：

```
int led = 13;
```

其定义了一个名为 led 的 int 变量，并给它赋了一个初始值 13，因为 13 是 L LED 连接的 Arduino 引脚的编号。

int 是整数的缩写，表示此变量返回不带小数的整数。

在本书的其他一些程序中，这样的变量定义了一个特定的引脚，其前面是一个关键字"const"：

```
const int led = 13;
```

关键字"const"告诉 Arduino IDE，led 的值永远为 13 不会发生变化，使其成为常量。以这种方式分配值会使得程序更小更快，并且通常被认为是一种好习惯。

配置数字输出

Blink 程序还显示了将引脚设置为数字输出的一个很好的示例。已定义为 led 的引脚 13 在此行中配置为 setup 函数中的输出：

```
pinMode(led, OUTPUT);
```

因为这只需要完成一次，所以它被放置在 setup 函数中。一旦将引脚设置为输出，它将保持输出，直到我们告诉它变为其他东西。

为了使其闪烁，LED 需要反复打开和关闭，因此这个代码在内部循环：

```
digitalWrite(led, HIGH);      // 打开LED(HIGH是电压电平)
delay(1000);                  // 等待1s
digitalWrite(led, LOW);       // 通过降低电压来关闭LED
delay(1000);                  // 等待1s
```

命令 digitalWrite 接收两个参数（函数需要运行的数据），这些参数传递给括号内的函数并用逗号分隔。第一个参数定义要写入的 Arduino 引脚（在本例中，13 引脚由 led 指定），第二个参数给出要写入引脚的值。值为 HIGH 将输出设置为 5V，打开 LED；值为 LOW 将引脚设置为 0V，关闭 LED。

延迟函数保存参数，该参数定义 Arduino 应该在其当前函数继续多长时间。

在这种情况下，值 1000 会在更改 LED 状态之前将程序延迟 1s。

配置数字输入

也可以使用 pinMode 命令将数字引脚设置为输入引脚。Blink sketch 没有这样做，所以此处是一个例子：

```
pinMode(7, INPUT)
```

该 pinMode 函数将引脚 7 设置为输入。与输出一样，你很少需要更改引脚的模式，因此在 setup 函数中定义输入引脚。

将引脚设置为输入后，你可以读取该引脚的电压，如本例中的循环功能：

```
loop()
{
  if (digitalRead(7) == HIGH)
  {
    digitalWrite(led, LOW)
  }
}
```

这里，如果引脚 7 的输入在测试时被读为高电平，则 LED 将被关闭。Arduino 判断是否打开 LED 是通过 if 语句来决定的，以 if 命令开头。紧接着这个词后面就是一个条件。在这种情况下，条件是（digitalRead（7）== HIGH）。双等号（==）告诉机器比较两侧的两个值。在这种情况下，如果引脚 7 为高电平，则代码块被运行；否则不会运行。如果条件为真，我们已经满足了要运行的代码，这是用于打开 LED 的 digitalWrite 命令。

注意

对齐 {和} 可以更容易地查看哪个 {} 属于哪个 {}。

使用上拉电阻稳定数字输入

前面的示例代码假定数字输入是定义为高或低。连接到数字输入的开关只能关闭连接。

你通常会以这样的方式连接开关：当翻转时，数字输入连接到 GND（0V）。当开关的连接打开时，数字输入被称为悬空。这意味着输入中没有电力连接到任何东西，但悬空输入仍然可以从其周围的电路拾取电噪声，导致引脚上的电压在高和低之间振荡。

这种状态是不可取的，因为代码可能会被意外激活。为防止输入引脚悬空，只需添加一个上拉电阻（见图 C-5）。我们在"项目 6：PIR 僵尸探测器"中使用了这样的电阻。

当开关打开时（见图 C-5），电阻将输入引脚连接到电压源，将输入引脚上的电压上拉并保持在 5V。按下按钮闭合开关会覆盖输入的弱上拉，从而将数字输入连接到 GND。

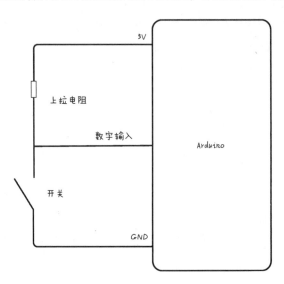

图 C-5　使用带数字输入的上拉电阻的示意图

Arduino 输入具有大约 40kΩ 的内置上拉电阻，你可以按如下方式启用它：

```
pinMode(switchPin, INPUT_PULLUP);
```

此示例显示如何使用 Arduino 上拉电阻将数字输入的引脚模式设置为与开关一起使用：只需将引脚模式设置为 INPUT_PULLUP 而不是 INPUT。

读取模拟输入

模拟输入允许你在 Arduino 上的任何 A0 ~ A5 模拟输入引脚上测量 0 ~ 5V 之间的电压。与数字输入和输出不同，在使用模拟输入时，无须在设置中包含 pinMode 命令。

你使用 analogRead 读取模拟输入的值，并且支持将你要读取的引脚的名称作为参数。

与 digitalRead 不同，analogRead 返回一个数字而不仅仅是 true 或 false 值。返回的数字将是介于 0（0V）~ 1023（5V）之间的值。

要将数字转换为适用的电压，请该值乘以 5，然后除以 1023，相当于将其除以 204.6。

以下所示为如何读取模拟值并将其转换为 Arduino 代码：

```
int raw = analogRead(A0);
float volts = raw / 204.6;
```

变量 raw 是 int（整数）型，因为从模拟输入读取始终是整数。

要将原始读数缩放为十进制数，变量必须是 float（浮点）型的变量。

写入模拟输出

数字输出仅允许你打开和关闭组件（如 LED），但模拟输出允许你逐步控制提供给组件的电平。

例如，此控件允许你控制 LED 的亮度或电动机的速度。

这在"项目 20：用 Arduino 实现静默的触觉通信"中使用过，目的是减小电动机的功率，使其不会产生过多噪声导致吸引来僵尸。

只有引脚 D3、D5、D6、D9、D10 或 D11 能够用作模拟输出。这些引脚在 Arduino 上的引脚编号旁边标有一个波浪号（~）。

要控制模拟输出，请使用以 0～255 之间的数字作为参数的 analogWrite 命令，如下一行所示：

```
analogWrite(3, 127);
```

值 0 表示为 0V，即完全关闭，而值 255 表示为 5V，即完全打开。在这个例子中，我们将引脚 D3 的输出设置为 127，这将是一半功率。

在控制循环中重复代码

控制循环（不要与循环（loop）函数混淆）允许你重复一次操作运行一定次数或直到某些条件发生变化。

你可以使用两个命令进行循环：for 和 while。你可以使用 for 命令重复固定次数，同时重复某些操作直到条件发生变化。

以下代码使 LED 闪烁 10 次然后停止：

```
void setup() {
  pinMode(led, OUTPUT);
  for (int i = 0; i < 10; i++)
  {
    digitalWrite(led, HIGH);
    delay(1000);
    digitalWrite(led, LOW);
    delay(1000);
  }
void loop() {
}
```

Analog 如何输出生成电压

可以容易地将模拟输出视为在 0～5V 之间的电压，如果你在模拟输出引脚和 GND 之间连接一个电压表，当你改变时，电压确实会在 0～5V 之间取值作为参数传给 analog-Write。事实上，事情比这复杂得多，这种输出使用的是脉冲宽度调制（PWM），图 C-6 显示了实际情况。

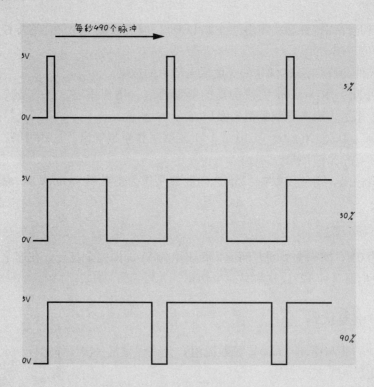

图 C-6　模拟输出的脉冲宽度调制

模拟输出引脚每秒产生 490 个脉冲，并且脉冲宽度不同。脉冲保持高电平的时间比例越大，输出功率越大，因此 LED 越亮或电动机越快。

电压表将此报告为电压变化，因为电压表不能足够快地响应，因此会进行一种平均（积分）。

在这个例子中，我们将闪烁代码置于 setup 中而不是 loop 中，因为 loop 会立即重复闪烁周期，因此 LED 在闪烁 10 次后不会停止。

如果只要按下连接到数字输入的按钮，你就想保持 LED 闪烁，那么则可以使用 while 命令：

```
❶ while (digitalRead(9) == LOW)
  {
    digitalWrite(led, HIGH);
    delay(1000);
    digitalWrite(led, LOW);
    delay(1000);
  }
```

该代码表示当引脚 9 检测到按钮被按下❶（即处于低电平）时，LED 应该点亮。

用 if/else 设置两个条件

在前面"配置数字输出"小节中，我们使用 if 命令告诉 Arduino IDE 在满足某个条件时执行某些操作。你还可以将 if 与 else 命令结合使用，以指示 IDE 在条件为真时执行一组代码，在条件为假时则执行另一组代码。下面是一个例子：

```
if (analogRead(A0) > 500)
{
  digitalWrite(led, HIGH);
}
else
{
  digitalWrite(led, LOW);
}
```

如果模拟读数大于 500，则此 if 语句将打开 LED 引脚；如果读数小于或等于 500，则关闭 LED 引脚。

进行逻辑比较

到目前为止，我们使用了两种类型的比较：==（等于）和 >（大于）。
你可以进行以下更多比较：
< = 小于或等于
> = 大于或等于
! = 不等于
你还可以使用 &&（与）和 ‖（或）等逻辑运算符进行更复杂的比较。
例如，要在读数介于 300～400 之间时打开 LED，你可以编写以下代码：

```
int reading = analogRead(A0);
if ((reading >= 300) && (reading <= 400))
{
  digitalWrite(led, HIGH);
}
{
  digitalWrite(led, LOW);
}
```

在英语中，此代码可能显示为"如果读数大于或等于 300，且读数小于或等于 400，则打开 LED。"因为我们使用 && 运算符指定两个条件必须都是真的，如果不满足任何一个条件，LED 仍然是暗的。

将代码分组为函数

如果你不熟悉编程，则函数可能会令人困惑。为了好理解，函数可以被认为是将代码行组合在一起并为它们命名的方法，以便代码块可以一次又一次地使用。

像 digitalWrite 这样的内置函数比它们最初看起来更复杂。以下是 digitalWrite 函数的代码：

```
void digitalWrite(uint8_t pin, uint8_t val)
{
    uint8_t timer = digitalPinToTimer(pin);
    uint8_t bit = digitalPinToBitMask(pin);
    uint8_t port = digitalPinToPort(pin);
    volatile uint8_t *out;

    if (port == NOT_A_PIN) return;

    // 如果引脚支持PWM输出，我们需要在进行digital write操作时将其关闭

    if (timer != NOT_ON_TIMER) turnOffPWM(timer);

    out = portOutputRegister(port);

    uint8_t oldSREG = SREG;
    cli();

    if (val == LOW) {
        *out &= ~bit;
    } else {
        *out |= bit;
    }
        SREG = oldSREG;
    }
```

由于有人已经编写了 digitalWrite 函数，因此我们不必担心所有这些代码的作用；我们可以高兴的是，每当我们想要将引脚从高变低时，我们不必全部输入。通过将大块代码命名为一个函数名称，这样我们就可以调用函数名称来使用此段代码。

你可以创建自己的函数，以作为更复杂的代码块的快捷方式。例如，要创建一个使 LED 闪烁的函数，你可以指定闪烁次数为参数，并可以将 LED 引脚也指定为参数，你可以使用下面的程序。此函数名为 blink，你可以在启动期间调用它，以便 Arduino L LED 在复位后闪烁 5 次。

```
❶ const int ledPin = 13;

❷ void setup()
  {
```

```
      pinMode(ledPin, OUTPUT);
❸   blink(ledPin, 5);
   }

   void loop() {}

❹ void blink(int pin, int n)
   {
❺   for (int i = 0; i < n; i++)
      {
         digitalWrite(ledPin, HIGH);
         delay(500);
         digitalWrite(ledPin, LOW);
         delay(500);
      }
   }
```

在❶处，我们定义正在使用的引脚。在❷处设置函数 ledPin 作为输出，然后❸调用函数 blink，传递相关的引脚和闪烁的次数（5）。循环函数是空的并且没有语句，但是 Arduino IDE 要求程序必须包含它，即使它没有用处。如果不包含它，则在上传程序时将收到错误消息。

闪烁函数从❹void 开始。void 表示函数不返回任何值，因此你将无法调用该函数的结果赋给变量，而如果函数执行某种计算，你可能会希望这样做。然后是函数的名称（blink）和函数所用的参数，括在括号内并用逗号分隔。定义函数时，必须指定每个参数的类型（例如，它们是 int 型还是 float 型）。在这种情况下，引脚（pin）和闪烁次数（n）都是 int 值。最后，在❺处，我们有一个 for 循环，它会在其中重复执行 digitalWrite 和 delay 命令 n 次。

这就是软件速成课程。如果你想了解有关 Arduino 编程的更多信息，请参考阅读《Arduino 编程：实现梦想的工具和技术》一书。

组装扩展板

本书中的许多项目都使用了一个安装在 Arduino socket 上的 screwshield 扩展板，并允许你使用螺钉接线端子将电线连接到 Arduino 引脚上。并非所有电线都适合普通的 Arduino socket，但几乎任何常见直径的电线都可以牢固地安装在螺钉接线端子中，不会松动。市场上有各种各样的 screwshield 扩展板，布局略有不同。在本书中，我使用了 Adafruit 的通用模块（proto-screwshield，编号 196），它是作为一个必须焊接在一起的套件提供的。使用时有很多连线，但都不难。proto-screwshield 扩展板的组成部分如图 C-7 所示。

电线端子排列在电路板边缘和 Arduino 排针上。screwshield 扩展板直接插入 PCB。你可

图 C-7　Adafruit Proto-Screwshield 的部件

以像在 Arduino Uno 中那样将电线插入，并且它们在顶部有插座，因此你可以在顶部插入另一个 screwshield 扩展板。

在这两个 LED 中，一个是电源 LED，指示电路板何时通电，另一个是供你在项目中使用的。如果你不需要 LED，则无需将 LED 焊接到位。按钮是一个复位开关，这可能很有用，因为当 screwshield 扩展板安装好时很难找到 Arduino 的复位按钮。同样，这个也不是绝对要用到，有时不一定需要。

图 C-8 显示了正在组装的电路板。

要组装螺钉接线端子，请按照下列步骤操作：

1）将 LED、电阻器和开关（假设你需要）焊接到位（见图 C-8a）。

2）将所有螺钉接线端子沿着 screwshield 扩展板的最外边缘（见图 C-8b）放置到位，然后将电路板翻转以将其焊接在 PCB 的下侧。确保它们是正确的连接方式，以便电线进入的开口面向外，远离电路板。

3）将排针从电路板顶部推入（见图 C-8c）并焊接。请注意，在电路板的每一侧都有两排孔可供它们使用；把它们放在外面的孔组中。内部组件用于将电线连接到电路板中央原型区域的引脚。

如果你需要了解如何焊接到 PCB，请查看附录 B 的"焊接基础知识"。在组件就位后，确保焊点看起来很合理（这在"焊接基础知识"中也有介绍）。你应该准备好在你所有的反僵尸基础防御工作中部署这个方便的扩展板，并为你想要持续很长时间的设备节省宝贵的焊锡。

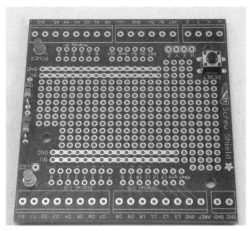

a)

b)

c)

图 C-8　组装带端子的 screwshield 扩展板

更多资源

有许多很棒的在线资源和书籍可以告诉你如何在项目中使用 Arduino。以下是一些可以帮助你入门的链接：

- 我已经写了很多关于 Arduino 的书籍，你可以在 http://www. simonmonk. org/找到我的完整书籍清单。
- 还有一本关于 Arduino 的好书《Arduino 编程：实现梦想的工具和技术》供你参考。
- 我还写了一系列在线 Arduino 课程，Adafruit "Learn Arduino" 系列，你可以在这里找到：https://learn. adafruit. com/series/learn- arduino/。